iOS 6 编程揭秘

Objective-C

程序设计入门

杨正洪 郑齐心 曹星 编著

U0305608

清华大学出版社

北 京

内 容 简 介

本书通过大量的实例系统地介绍了 Objective-C 语言的基本概念、语法规则、框架、类库及开发环境。读者在阅读本书后，可以掌握 Objective-C 语言的基本内容，并打下开发 iPhone、iPad 和 Mac 应用的基础。

本书共分成 16 章。前 6 章讲述 Objective-C 语言，包括数据类型、运算符、表达式、条件语句、循环语句、类、协议、继承、类别、编译预处理等内容。第 7~10 章讲述 Objective-C 的基础框架，以及文件操作、内存管理、数据保存等内容。第 11 章讲述了应用工具框架。第 12 章讲述设计模式。第 13、14 章分别讲述了如何开发 iPhone、iPad 应用程序。第 15 章讲述了 Objective-C++。第 16 章讲述时间和日期的处理技巧。

本书适用于具有一定的软件基本知识，对 iPhone、iPad 和 Mac 应用开发感兴趣的软件开发人员和测试人员。

本书封面贴有清华大学出版社防伪标签，无标签者不得销售

版权所有，侵权必究。侵权举报电话：010-62782989 13701121933

图书在版编目（CIP）数据

iOS6 编程揭秘：Objective-C 程序设计入门 / 杨正洪，郑齐心，曹星编著. -- 北京：清华大学出版社，2013

ISBN 978-7-302-32595-6

Ⅰ. ①i… Ⅱ. ①杨… ②郑… ③曹… Ⅲ. ①C 语言－程序设计 Ⅳ. ①TP312

中国版本图书馆 CIP 数据核字（2013）第 117687 号

责任编辑：夏非彼
封面设计：王　翔
责任校对：闫秀华
责任印制：李红英

出版发行：清华大学出版社
网　　　址：http://www.tup.com.cn，http://www.wqbook.com
地　　　址：北京清华大学学研大厦 A 座　　　　　邮　　编：100084
社 总 机：010-62770175　　　　　　　　　　　　邮　　购：010-62786544
投稿与读者服务：010-62776969，c-service@tup.tsinghua.edu.cn
质 量 反 馈：010-62772015，zhiliang@tup.tsinghua.edu.cn
印 装 者：清华大学印刷厂
经　　销：全国新华书店
开　　本：190mm×260mm　　　印　张：20.5　　　字　数：525 千字
　　　　　（附光盘 1 张）
版　　次：2013 年 10 月第 1 版　　　　　　印　次：2013 年 10 月第 1 次印刷
印　　数：1～3000
定　　价：45.00 元

产品编号：053697-01

前言

　　Objective-C 语言是开发 iPhone/iPad 应用的编程语言，也是开发 Mac 应用的编程语言。Objective-C 语言已经存在几十年了，但是，国内的大多数软件开发人员和测试人员都不熟悉这个语言。究其原因是同苹果产品有关。苹果公司直到 2008 年才在北京开设首家的苹果商店。很长时间以来，苹果公司在中国市场所占的份额很小，苹果电脑的销量也相对较低。用于开发苹果应用程序的 Objectvie-C 语言就处于被冷落状态。随着 iPhone 和 iPad 的发布，越来越多的人愿意使用苹果产品。

　　当苹果公司于 2007 年推出首款 iPhone 时，国内还没有正式的销售商。尽管如此，许多国内消费者购买了香港的 iPhone 解锁版，并广受欢迎。2009 年 10 月，苹果公司与联通公司合作推出 iPhone 以面向中国市场销售。2010 年 9 月，苹果公司开始在国内销售 iPhone 4。自此以后，iPhone 和 iPad 在国内经常处于断货状态。

　　为什么 iPhone 这么流行呢？除了通信工具外，iPhone 的最关键优势是手机应用。苹果应用商店提供了 20 多万个应用，面向不同的用户群。另外，大量的企业都在使用 iPhone 管理企业业务，从而派生出很多基于 iPhone 的企业应用程序。很多 IT 公司都在急于聘请精通 Objective-C 语言的软件开发人员和测试人员。

　　为了让广大的读者能够快速、全面地掌握 Objective-C 语言的精髓，我们为大家编著了这本书。本书从介绍 Objective-C 语言的基础知识入手，通过大量的实例程序系统地介绍了 Objective-C 语言的基本概念、语法规则、框架、类库及开发环境。读者在阅读本书后，可以掌握 Objective-C 语言的基本内容，并进行实际的 iPhone/iPad 和 Mac 应用开发。在本书中，我们假定读者不具有 C 语言知识。对于每个知识点，我们都以例子程序为中心展开讨论。

　　本书共分成 16 章。前 6 章讲述 Objective-C 语言，包括数据类型、运算符、表达式、条件语句、循环语句、类、协议、继承、类别、编译预处理等内容。第 7~10 章，阐述 Objective-C 的基础框架，包括数字对象、字符串对象、数组对象、字典对象、集合对象、文件操作、内存管理、如何在系统上保存数据等。第 11 章阐述 AppKit 和 UIKit 两个框架，并且讨论了多线程程序的开发。第 12 章阐述设计模式。第 13 章和第 14 章分别阐述如何开发 iPhone/iPad 应用程序，并对委托和 NSEerror 作详细的讲解。第 15 章阐述如何在 Objective-C 程序中使用 C++。第 16 章阐述开发中常见的时间和日期的处理技巧。

　　参加本书编写的还有吴寒、夏皇、谢素婷、薛文、李越、孙延辉、王晓蓉、刘楠、杜理渊、郑齐健、郭萍等同志。我们要特别感谢西安八方企业文化传播公司和上海创云网络科技有限公司的 8 位 iPhone/iPad 软件开发人员，他们认真仔细地阅读了本书的初稿，运行了书上的所有例子程序，并提出了很多中肯的意见和想法；另外，PayPal 美国公司的 John Qian、Google 美国公司的 Song Sun、中国阿尔卡特公司的何进勇等同志阅读了本书的初稿并提出了中肯的建议。清华大学出版社图格事业部夏毓彦老师为本书的出版和编辑做了大量的工作，在此深表谢意。

由于编者学识浅陋，见闻不广，必有许多不足之处。杨正洪的电子邮件是：yangzhenghong@yahoo.com，欢迎读者来信指正或探讨 Objective-C 问题。谢谢。

杨正洪

2013 年 5 月于 San Jose

目录

第 1 章　Objective-C 语言概述

1.1　Mac 操作系统和 Objective-C 语言 2

1.2　Objective-C 的开发工具 2

1.3　Objective-C 程序简介 4

1.4　面向对象编程 7

　　1.4.1　面向对象的分析 7

　　1.4.2　面向对象的特征 8

1.5　Objective-C 程序结构 10

　　1.5.1　类接口（@interface） 12

　　1.5.2　类实现（@implementation） 13

　　1.5.3　应用程序 15

　　1.5.4　Objective-C 的方法调用 16

　　1.5.5　输入和输出数据 17

　　1.5.6　变量和标识符 18

　　1.5.7　指令符（@） 20

　　1.5.8　语句 21

第 2 章　数据类型和运算符

2.1　简单数据类型 23

　　2.1.1　整型 23

　　2.1.2　实型 26

　　2.1.3　字符型 29

2.1.4　字符串 32

2.1.5　id 类型 32

2.1.6　类型转换 36

2.1.7　枚举类型 38

2.1.8　typedef 39

2.2　Objective-C 的其他数据类型 41

2.2.1　BOOL 41

2.2.2　SEL 43

2.2.3　Class 45

2.2.4　nil 和 Nil 46

2.3　运算符和表达式 48

2.3.1　Objective-C 运算符 48

2.3.2　表达式和运算优先级 48

2.3.3　算术运算符 50

2.3.4　算术表达式 52

2.3.5　强制类型转换运算符 54

2.3.6　自增、自减运算符 55

2.3.7　位运算符 57

2.3.8　赋值运算符 62

2.3.9　关系运算符 64

2.3.10　布尔逻辑运算符 64

第 3 章　程序控制语句

3.1　条件语句 67

3.1.1　if 语句 67

3.1.2　if 语句的嵌套 71

3.1.3　switch 语句 73

3.1.4　三目条件运算符 75

3.1.5　布尔表达式 76

3.2　循环语句 77

3.2.1　while 语句 ·· 77

3.2.2　do-while 语句 ··· 79

3.2.3　for 语句 ·· 80

3.2.4　for 循环多变量的处理 ·· 83

3.2.5　嵌套循环 ·· 84

3.2.6　几种循环的比较 ·· 85

3.3　跳转语句 ·· 85

3.3.1　break 语句 ··· 85

3.3.2　continue 语句 ··· 86

3.3.3　return 语句 ··· 87

3.4　综合实例 ·· 88

第 4 章　类

4.1　类的通用格式 ·· 91

4.2　声明对象和对象初始化 ·· 96

4.3　变量 ·· 98

4.3.1　局部变量、全局变量和实例变量 ·· 98

4.3.2　理解 static ·· 101

4.3.3　变量的存储类别 ·· 102

4.4　@property 和 @synthesize ·· 105

4.5　多输入参数的方法 ·· 110

4.6　协议（protocol） ··· 112

4.7　异常处理 ··· 115

4.8　调用 nil 对象的方法 ··· 118

4.9　指针 ·· 119

4.9.1　指针的类型和指针所指向的类型 ·· 119

4.9.2　指针的值 ··· 120

4.9.3　对象变量实际上是指针 ·· 121

4.10　线程 ·· 121

4.11　Singleton（单例模式） ·· 122

第 5 章　继承

5.1　继承 125

5.2　方法重写 128

5.3　方法重载 130

5.4　使用 super 132

5.5　抽象类 135

5.6　动态方法调用 137

5.7　访问控制 139

5.8　Category（类别）... 142

第 6 章　编译预处理

6.1　宏定义 146

　　6.1.1　无参宏定义 146

　　6.1.2　带参宏定义 148

　　6.1.3　#运算符 150

6.2　import 151

6.3　条件编译 151

　　6.3.1　#ifdef、#endif、#else 和#ifndef 语句 152

　　6.3.2　#if 和#elif 预处理程序语句 153

　　6.3.3　#undef 153

第 7 章　基础框架（Foundation Framework）

7.1　数字对象（NSNumber）... 161

　　7.1.1　数字对象的使用 161

　　7.1.2　NSNumber 方法总结 163

7.2　字符串对象 164

　　7.2.1　不可修改字符串（NSString）.. 165

　　7.2.2　可修改的字符串（NSMutableString）... 171

7.3　数组对象 176

　　7.3.1　不可变数组（NSArray） 176

　　7.3.2　可修改数组（NSMutableArray） 178

7.4　字典对象（NSDictionary 和 NSMutableDictionary） 182

7.5　集合对象（NSSet） 185

7.6　枚举访问 188

第 8 章　文件操作

8.1　管理文件（NSFileManager） 192

8.2　管理目录 195

8.3　操作文件数据（NSData） 198

8.4　操作目录总结 200

8.5　文件的读写（NSFileHandle） 203

8.6　NSProcessInfo 205

　　8.6.1　NSProcessInfo 方法 205

　　8.6.2　NSProcessInfo 实例 206

　　8.6.3　NSArray 和 NSProcessInfo 综合例子 207

第 9 章　内存管理

9.1　内存管理的基本原理 211

　　9.1.1　申请内存（alloc） 212

　　9.1.2　释放内存（dealloc） 212

9.2　ARC 213

9.3　内存泄露 215

9.4　垃圾回收（Garbage-collection） 216

9.5　copy、nonatomic 217

第 10 章　数据保存

10.1　XML 属性列表 220

10.2　NSKeyedArchiver 223

10.3　保存多个对象到一个文件 226

10.4　综合实例 230

第 11 章　AppKit 和 UIKit

11.1　图形化用户界面和 Cocoa 239

11.2　AppKit 240

11.3　UIKit 242

11.4　多线程（NSOperation 和 NSOperationQueue） 243

第 12 章　设计模式

12.1　MVC 模式 250

　　12.1.1　View（视图） 251

　　12.1.2　视图控制器 252

12.2　Target-Action 模式 253

12.3　Delegation 模式 255

12.4　基于设计模式的其他框架设计 256

第 13 章　iPhone 应用程序

13.1　创建 Xcode 项目 258

13.2　了解应用程序如何启动 262

13.3　添加用户界面元素 266

13.4　按钮操作的实现 269

　　13.4.1　为按钮创建操作 269

　　13.4.2　为按钮添加操作 269

13.5 文本栏和标签的实现 271

　　13.5.1 为文本栏和标签创建 outlet 271

　　13.5.2 为标签添加 outlet 272

　　13.5.3 建立文本栏的委托连接 273

　　13.5.4 为用户姓名添加属性 274

　　13.5.5 实施 changeGreeting: 方法 275

　　13.5.6 将视图控制器配置为文本栏的委托 275

第 14 章　iPad 应用程序

14.1 iPad 介绍 279

14.2 iPad 与 iPhone 开发的对比 279

14.3 iPad 应用程序开发实例 280

　　14.3.1 添加界面元素 282

　　14.3.2 为按钮创建操作 288

　　14.3.3 为文本栏创建 outlet 291

　　14.3.4 建立文本栏的委托连接 292

　　14.3.5 添加 Register 类和用户界面 292

　　14.3.6 实施 Register 方法 297

　　14.3.7 实施 Login 方法 297

第 15 章　Objective-C++

15.1 混合语言 306

15.2 C++词汇歧义和冲突 308

15.3 一些限制 309

第 16 章　时间日期的处理

16.1 时间和日期类 311

　　16.1.1 构建日期 311

　　16.1.2 使用时间阁 312

16.1.3　日期比较 312

16.1.4　使用 NSCalendar 313

16.1.5　使用时区 314

16.2　使用 NSDateFormatter 314

第 1 章

Objective-C 语言概述

从本章节可以学习到：

- ❖ Mac 操作系统和 Objective-C 语言
- ❖ Objective-C 的开发工具
- ❖ Objective-C 程序简介
- ❖ 面向对象编程
- ❖ Objective-C 程序结构

Objective-C 是一门面向对象的编程语言，是开发 iPhone 和 iPad 应用的编程语言，也是开发基于 Mac 操作系统的应用程序的编程语言。上世纪 80 年代初，布莱德·确斯（Brad Cox）发明了 Objective-C。

1.1 Mac 操作系统和 Objective-C 语言

苹果公司把 Mac 操作系统上的整个开发环境命名为 Cocoa。在 Cocoa 上，开发语言是 Objective-C，开发工具是 Xcode、Interface Builder 等。在 iPhone 和 iPad 上的操作系统是 iOS（Mac 操作系统的一个子集）。开发人员往往在 Mac 机器上开发 iPhone/iPad 应用程序，并使用 Mac 上的 iPhone/iPad 模拟器来测试 iPhone/iPad 应用程序。苹果公司专门提供了 iPhone/iPad 软件开发包。这个开发包提供了很多框架（Framework），从而帮助开发人员快速开发 iPhone/iPad 应用程序。本书并没有花大量篇幅介绍 iOS SDK 和它的各个框架。对于需要学习这方面内容的读者，可以参考清华大学出版社出版的《iOS6 编程揭秘——iPhone / iPad 应用开发入门》一书。

1.2 Objective-C 的开发工具

Objective-C 的开发工具分为两类：图形化开发工具和命令行开发工具。在 Mac 操作系统的 Terminal 应用程序（如图 1-1 所示）上，可以使用 gcc 命令编译和链接 Objective-C 程序。然后，就可以直接在 Terminal 上执行 Objective-C 应用程序了。命令行工具不如图形化开发工具方便，所以，在本书中，我们使用图形化开发工具 Xcode，建议读者在实际开发中使用 Xcode。

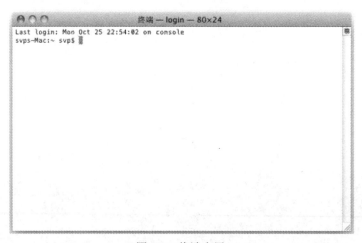

图 1-1　终端应用

在 Xcode 开发环境中，可以编写、编译、调试和运行 Objective-C 应用程序。你可以从苹果公司的网站上下载开发工具 Xcode 和其他部件。我们建议你首先注册苹果帐号（App ID，有付费和免费帐号），这样方便你以后开发 iOS 应用程序。如图 1-2 所示，在页面当中的 iOSDev Center 位置就是下载 Xcode 的链接。点击后，就进入下载和安装（在这里需要 App ID），如图 1-3 和图 1-4 所示（当然在这里我们也可以直接在 App Store 中下载安装 Xcode）。

图 1-2 iOSDev Center

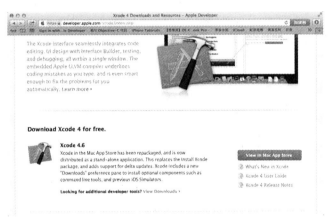

图 1-3 Xcode 的下载

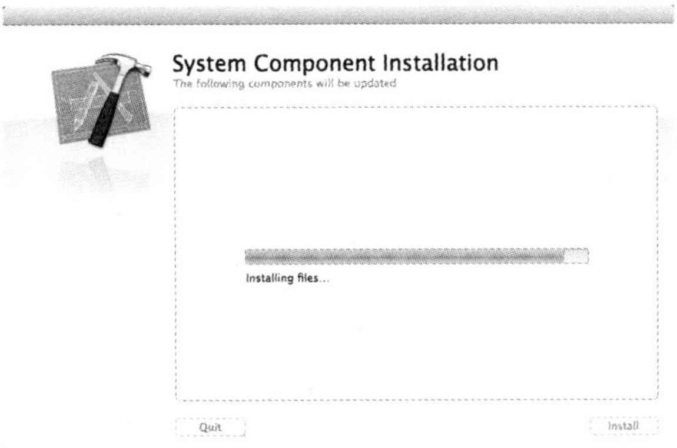

图 1-4 安装 Xcode

在安装结束后，启动 Xcode（你可以在 Finder 中查找 Xcode，然后运行它），如图 1-5 所示。在这个界面上，可以创建新的 Xcode 项目，也可以单击左下角的"Open Other…"按钮来打开已经开发好的代码。在左边，选择"Create a new Xcode project"，出现如图 1-6 所示的窗口。Xcode 提供了多类模板，我们会在后面的章节中详细讲解各种类型的应用程序。

图 1-5　启动 Xcode

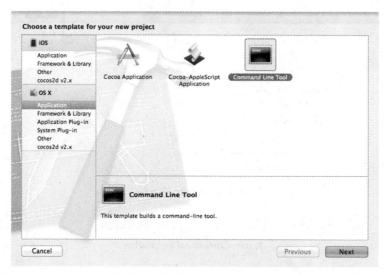

图 1-6　创建 Objective-C 应用

1.3　Objective-C 程序简介

下面我们开发第一个 Objective-C 程序，目的是为了让读者熟悉开发环境和 Objective-C

程序的特性。如图 1-6 所示，在 Mac OS X 下，选择 Application（应用）。在右边，选择 Command Line Tool（命令行工具）。单击 Next，输入项目的名称（比如 FirstProgram）在 Type 上，选择 Foundation 然后点击 Next。在这之后，Xcode 会让你选择存储项目文件的位置。Xcode 自动生成了一些代码，如图 1-8 所示。在 Xcode 下，有各种后缀的文件，各个后缀的含义如表 1-1 所示。

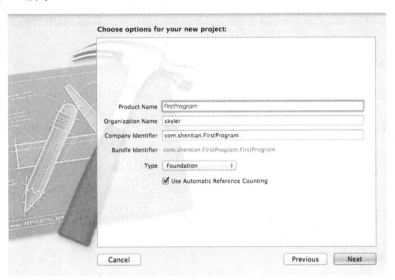

图 1-7 输入程序名称

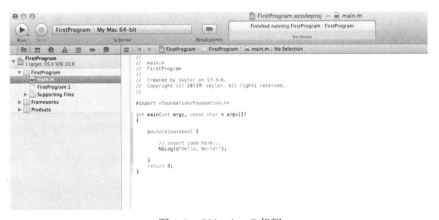

图 1-8 Objective-C 代码

表 1-1 文件的文件扩展名

扩展名	源类型
.h	头文件。头文件包含类、类型、函数和常量声明。
.m	实现文件。具有此扩展名的文件可以同时包含 Objective-C 代码和 C 代码。有时也称为源文件
.mm	实现文件。具有此扩展名的实现文件，除了包含 Objective-C 代码和 C 代码以外，还可以包含 C++ 代码。仅当您实际引用您的 Objective-C 代码中的 C++ 类或功能时，才使用此扩展名

单击 FirstProgram.m，可以在界面上看到如下自动生成的代码。

```
#import <Foundation/Foundation.h>                        ……1
int main (intargc, const char * argv[]) {                ……2
@autoreleasepool{                                         ……3
  // insert code here...                                  ……4
NSLog(@"Hello, World!");                                  ……5
}                                                         ……6
  return 0;                                               ……7
}                                                         ……8
```

上述程序的作用是输出下面一行信息：

```
Hello, World!
```

下面讲述一下代码中各行的作用。

①import 的作用是让系统导入后面文件的内容到这个程序中，Foundation.h 是一个系统头文件。

②main 方法就是 C 程序中的主函数，在一个 Objective-C 项目下，至少一个程序中有一个 main 方法。int 是该方法需要返回的数据类型；在后面()中的内容是 1 个或多个输入参数（int 是参数类型，argc 是参数变量）。"{"和"}"之间是方法的代码语句，每条语句以";"结束。

③系统自动释放池。这个池的作用是管理对象的内存释放。创建一个对象就会申请一些内存，而释放一个对象就会释放这些内存。除了自己管理内存释放外，还可以使用系统自动释放池来管理内存释放（详见后面章节）

④"//"表示该行为一行注释，编译器会跳过注释行。建议读者每隔几行就添加一些注释。除了使用"//"，还可以使用"/*"和"*/"，在"/*"和"*/"之间的文字都是注释。

⑤NSLog 是一个 Objective-C 库函数，是一个输出方法。其作用是打印后面的字符串内容到控制台上，类似于 C 语言的 printf。@"Hello, World!"是一个字符串。与 C 和 Java 不同，Objective-C 字符串需要在""之前使用@。

⑥"}"把池中的对象所占用的内存释放。

⑦return 是最后一条语句，返回一个整数。在习惯上，0 表示运行成功。

⑧"}"表示程序结束。

选择"d Run"来编译和运行这个程序,如图 1-9 所示。在控制台窗口上，你就可以看到打印的"Hello, World"文字，如图 1-10 所示。在程序代码中，可以修改字符串来显示不同文字。

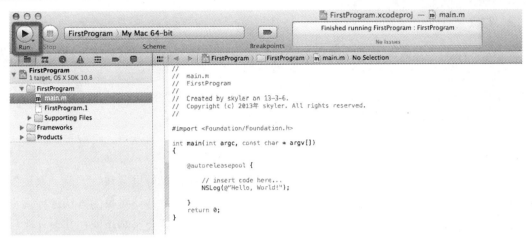

图 1-9　执行程序

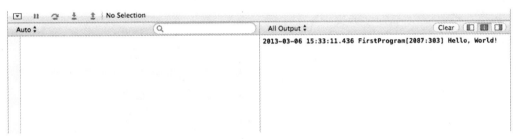

图 1-10　控制台窗口

1.4　面向对象编程

Objective-C 是一个面向对象的语言，这一点与 C 不同。在编写 Objective-C 程序之前，需要理解面向对象的基本原则。在本节，我们首先阐述面向对象的分析过程和面向对象的几个特征，然后，再阐述 Objective-C 上的类、方法、对象等概念。

1.4.1　面向对象的分析

面向对象的分析过程就是将现实世界中的对象（比如我的银行账号）抽象为类（比如银行账号类）的过程。具体说明如下。

1．类

类（Class）定义了现实世界中的一些事物的抽象特点。通常来说，类定义了事物的属性和它的行为。举例来说，"银行账号"这个类会包含银行账号的一切基础特征，例如它的开户人、地址、余额等属性，和存钱、取钱等行为（操作）。

2．对象

对象（Object）是类的实例。例如，"张三的银行账号"这个对象是一个具体的银行账号，它的属性也是具体的（比如，开户人是"张三"，地址是"北京市东长安街三十三号"，余额是 3 万）。因此，张三的银行账号就是银行账号这个类的一个实例，如图 1-11 所示。一个具体对象属性的值有时被称作它的"状态"。

3．方法

方法（Method）是一个类能做的事情。开户人可以从银行账号里取钱，因此"取钱"就是它的一个方法。它可能还会有其他方法（比如存钱）。对一个具体对象的方法进行调用并不影响其他对象，正如张三在他自己的银行账号下取钱，而这不会影响李四在其银行账号下取钱。

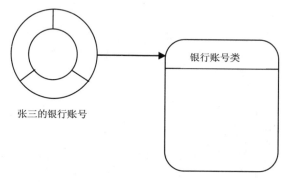

张三的银行账号

银行账号类

图 1-11　对象和类

总之，面向对象编程就是把状态和行为——数据和对数据的操作——组合到对象中。对象就是一组相关的函数和为这些函数服务的数据的集合，这些函数称为对象的方法，数据称为对象的实例变量。对象的方法封装了对实例变量的访问，实例变量在对象之外是不可见的，即访问一个对象的数据的唯一途径就是通过该对象的方法。

1.4.2　面向对象的特征

简单来说，类就是对象的模型，而对象就是类的一个实例。类是一种逻辑结构，而对象是真正存在的物理实体。面向对象的分析过程大致可分为：划分对象→抽象类→将类组织成为层次化结构（通过继承完成）。面向对象的程序设计就是使用类与实例进行设计和实现程序。面向对象的三个基本特征是：封装、继承和多态。

1．封装

封装就是把客观事物封装成抽象的类。在创建一个类时，你要指定组成这个类的代码和数据。这些数据称为成员变量（或实例变量），这些代码称为方法。从编程语言的角度，封装就是把类的数据和方法只让可信的类或者对象操作，对不可信的类进行信息隐藏。另外，通过接口，类隐藏了其中的属性和方法的具体实现。比如，一个汽车类可能有启动、停止、加速等方法，作为驾驶员，你并不关心汽车方法的具体实现，而只是使用相关的方法即可。图1-12显示了封装数据的类。

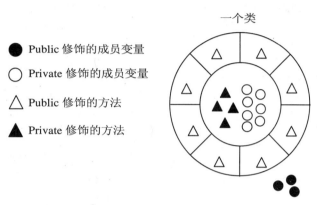

图1-12 封装数据的类

2．继承

在现实世界中，可以看到很多按层分类的概念。比如，动物分为哺乳动物、爬行动物等。哺乳动物又分为很多小类。整个分类就组成了一个树状结构。在面向对象中，上一层称为父类，下一层称为子类。继承实现了子类和父类：子类可以使用父类的所有功能，并可以对这些功能进行扩展。通过继承创建的新类称为"子类"或"派生类"。被继承的类称为"基类"、"父类"或"超类"。继承的过程，就是从一般到特殊的过程。通过使用继承，一个对象就只需定义它所在的所属类中的属性即可，因为它可以从父类那里继承所有的通用属性。比如，一个银行账号类的子类可以是定期账号类和活期账号类，它们直接从父类继承开户人、地址等属性和方法。

图1-13显示了UIKit框架上的一些类的继承关系。大括号右边的类是左边类的子类。NSObject是所有类的根类。UIResponder是NSObject的子类，是UIView的父类。UIView本身是UIControl的父类，而UIControl是UIButton的父类。

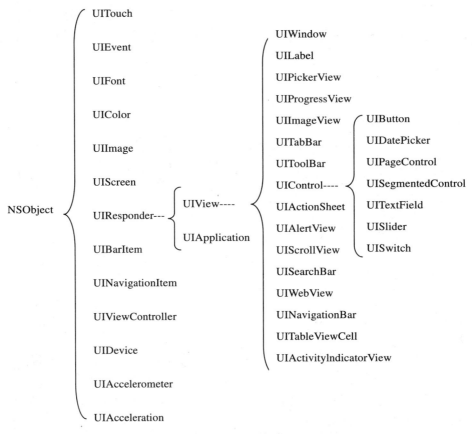

图 1-13　继承关系

3．多态

　　多态是指同一个接口名称，但是体现为不同的功能。它有两种方式：覆盖和重载。覆盖是指子类重新定义父类的方法，而重载是指允许存在多个同名方法，而这些方法的参数不同（或者参数个数不同，或者参数类型不同，或者两者都不同）。比如，"+"方法在针对字符串和数字上的参数和功能是不同的。

1.5　Objective-C 程序结构

　　在上一节中，已经讲述了面向对象的基本概念和组成部分。本节将介绍 Objective-C 程序的结构。类是 Objective-C 的核心，Objective-C 程序都是围绕类进行的。Objective-C 程序至少包含以下三个部分。

● 类接口：定义了类的数据和方法，但是不包括方法的实现代码。

- 类实现：包含了实现类方法的代码。
- 应用程序：调用类来完成一些实际操作的应用程序。

在实际项目中，应该将上述三个部分分别放在三个不同的文件中，比如类的接口通常保存在.h 文件里，类的实现存放在.m 文件里。在本书的大多数例子程序中，我们都把这三个部分存放在不同的文件中。当然这三个部分也可以存放在同一个文件中，如图 1-14 所示。

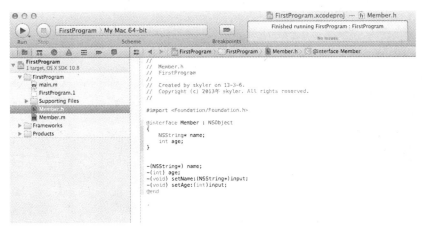

图 1-14 Objective-C 项目

接口定义了实例变量（参数），以及一些公开的方法。接口实现包含了方法的实现代码，它还经常包含一些私有的方法，这些私有的方法对于子类是不可见的。下面我们来看一个例子，读者可以暂时忽略例子中的一些细节，在后面的章节中会详细地介绍这些细节。

在下面的会员（Member）接口中，声明了两个属性和四个方法。int 是数据类型，age 是用于存放年龄的变量（属性），NSString 是字符串类型，name 是用于存放姓名的变量。前两个方法分别返回变量值，后两个方法用于设置变量值。

```
#import<Foundation/Foundation.h>

@interface Member : NSObject {
    NSString* name;
    int age;
}

-(NSString*) name;
-(int) age;
-(void) setName:(NSString*)input;
-(void) setAge:(int)input;

@end
```

下面是接口实现的代码，它实现了在接口中定义的四个方法，这些方法用于一些属性的设置和获取。

```
@implementation Member
-(NSString*)name{
    return name;
}

-(int)age{
    return age;
}

-(void) setName:(NSString *)input{
    name = input;
}

-(void) setAge:(int)input{
    age = input;
}

@end
```

1.5.1 类接口（@interface）

每个对象都具有状态（数据）和行为（对数据的操作），它等价于一个物理实体。比如，一个苹果的 iPod MP3 播放器有歌曲（即数据）和播放功能（即行为）。另一个品牌（比如爱国者）的 MP3 播放器也有类似的数据和播放功能。这两个品牌的 MP3 播放器在数据存放和播放上可能有不同的实现方法，但是，对外的接口是相同的。作为一个用户，我们仅需要关心它是什么并且它能够做什么，虽然播放器的生产者需要关心它是由什么构成并且怎样工作的。"它是什么并且它能够做什么"，这就是接口所描述的信息。接口的作用在于略过那些具体的实施细节而从更高层次来考虑问题。

在程序中的接口就是帮助我们分离并隐藏实现细节。一个公共的接口隐藏了方法和数据之间的交互。所有对该数据的操作，包括分配内存空间、初始化、获取数据、更改数据、更新数据、释放内存空间等操作，都被隐藏。应用程序专注于方法的功能，所需要做的只是调用这些方法。

在 Objective-C 中，定义一个类的接口（Interface）的语法格式如下所示：

```
@interface 类名:父类名{
变量定义;
}
方法定义;
@end
```

在习惯上，类名的第一个字母大写，下面是一个类名为 Member 的接口例子。

```
@interfaceMember : NSObject {
```

```
NSString* name;
int age;
}
- (NSString*) name;
- (int) age;
- (void) setName: (NSString*)input;
- (void) setAge: (int)input;
@end
```

　　@interface 符号表明这是 Member 类的接口声明，冒号后面指定了父类。上面这个例子的
父类就是 NSObject。NSObject 是系统类，在后续章节中有更多的介绍。在大括弧里面，有两
个变量：name 和 age。前一个是 NSString 类型，后一个是 int 类型。总共有四个方法，每个
方法的定义以";"结束，一个单独小横杆（-）表明它是一个实例方法。假如是一个加号
（+）的话，那就说明它是一个类方法，表明其他代码可以直接调用类方法，而不用创建这
个类的实例。当你定义一个方法时，还需要指定是否有返回值。如果有的话，返回值的数据
类型是什么。在方法的后面，可以指定输入参数的信息（包括参数类型和参数名）。在方法
名与参数之间，通过":"分开。具体格式如下所示：

　　与 Java 不同，Objective-C 取值方法不需要加 get 前缀。在下面的两个取值方法中，前一
个返回值的数据类型是 NSString，后一个是 int：

```
- (NSString*) name;
- (int) age;
```

　　设置值的方法不需要返回任何值，所以我们把它的返回类型指定为 void。void 就是空的
意思，表示不返回任何值。下面的方法各有一个输入参数：

```
- (void) setName: (NSString*)input;
- (void) setAge: (int)input;
```

　　除了取值和设置值方法，你还可以定义其他一些方法，比如，一些处理数据的方法。最
后@end 结束整个声明。

1.5.2　类实现（@implementation）

　　在@interface 下声明了类的定义，类的实现代码放在@implementation 下。类的实现的语

法如下：

```
@implementation 类名
        方法实现代码；
@end
```

对于上一小节的例子，类的实现代码为：

```
@implementationMember

- (NSString*) name {
returnname;
}
- (int) age {
returnage;
}
- (void) setName: (NSString*)input
{
name = input ;
}
- (void) setAge: (int)input
{
age = input;
}

@end
```

类的实现代码以@implementation 加上类名开始，以@end 结束。所有的方法跟接口定义里的一样，并加以实现。下面我们看看设置值的方法实现。每个方法处理两个变量：第一个是对象中的实例变量，第二个是新的输入对象。把输入对象中的值保存在实例变量上。

```
 - (void) setName: (NSString*)input {
name = input;
}
```

虽然 Objective-C 具有垃圾回收机制，但是我们推荐你使用 ARC 机制（Automatic Reference Counting 自动引用计数器），如果没有其他对象引用它了，那么，相应的内存就被自动释放。autorelease 方法则会在将来的某个时候去 release 它。

```
- (void) setName: (NSString*)input
{
    ;
name = input;
}
```

1.5.3　应用程序

在定义了类并实现了类代码之后，应用程序就可以使用这些类来解决实际问题了。在实际项目中，接口代码、类实现代码和应用代码往往在不同的文件中。应用程序的 main 方法是整个应用程序的入口。当你运行这个应用程序时，main 方法首先被调用。

下面是本节例子的应用程序部分，它构造了一个 Member 对象，并通过调用它的方法，为其两个属性赋值，并通过 NSLog 方法将这两个值打印出来（在后面的章节，会讲述 NSLog 方法的用法），最后将创建的对象释放。

```
int main (intargc, const char * argv[]) {
  @autoreleasepool{

    Member* member = [[Member alloc]init];
    [membersetName:@"sam"];
    [member setAge:36];
    NSLog(@"%@",[member name]);
    NSLog(@"%i",[member age]);

    };
return 0;
}
```

程序的运行结果如下所示：

```
sam
36
```

我们看到，一个类把所有的数据和访问数据的方法组合在一起。在应用程序中，首先创建一个对象（从而分配了内部数据结构），然后调用这个对象的一些方法。在应用程序中，只需关注这个对象（的方法）能做什么。应用程序的第一行设置自动释放池：

```
@autoreleasepool
```

关于自动释放池，读者可以暂时跳过，我们会在后面章节中详细讲解。第二行创建一个 Member 对象：

```
Member* member = [[Member alloc]init];
```

上述语句首先声明了一个名叫 member 的对象（变量）。它的数据类型是 Member。也就是说，member 就是一个 Member 类型的变量（对象）。一定要注意在数据类型的右边有一个星号。所有的 Objective-C 对象变量都是指针类型的。等号右边的语句是创建一个对象，这是一个嵌套的方法调用。第一个调用的是 Member 的 alloc 方法。这是一个相对比较底层的调用，因为该方法其实是为 member 变量申请一个内存空间；第二个调用的是新创建对象的 init

方法，这个 init 方法用于初始化变量值。init 实现了比较常用的设置，比如设置实例变量的初始值。

后面的两行语句调用 member 的相关方法为 member 的两个属性设置值：

```
[membersetName:@"sam"];
[member setAge:36];
```

紧接着的二行语句打印 member 的属性值：

```
NSLog(@"%@",[member name]);
NSLog(@"%i",[member age]);
```

下面返回 0：

```
return 0;
```

最后总结一下对象声明的语法：

```
类名 *var1, *var2, ...;
```

上述语句定义了 var1 和 var2 是指定类的对象。要注意的是，它只是定义了一个指针变量，尚未为它所包含的数据获得内存空间。在调用 alloc 方法之后，这些对象才获得（分配）空间，比如：

```
Member* member;
member = [Member alloc];
```

在术语上，上述例子中的 member 被称为 Member 对象，或者称为 Member 类的一个实例。另外，除了分配空间，还需要调用 init 方法来给这个对象设置初值。

1.5.4　Objective-C 的方法调用

正如上面所阐述的，一个类就是把数据和一些对这些数据的操作捆绑在一起，这些操作称为方法（Method），而它们操作的那些数据称为变量（variables）或属性。从 Objective-C 代码的角度上讲，类就是把一些变量和一组方法打包成一个独立的编程单元。比如，银行账号类有存钱和取钱等方法。一个具体的物理实体（比如我的银行账号）就是类的一个实例（对象）。在 Objective-C 中，对象的变量属于对象的内部数据，通常要访问这些数据只能通过对象的方法，方法是作用于属性的函数。在 Objective-C 上，调用方法的简单格式是（假设没有输入参数）：

```
[实例方法];
```

或者是：

```
[类名方法名];
```

在 Objective-C 上，调用一个类或实例的方法，也称为给这个类或实例发消息（message）。类或实例称为"接收方"。所以，调用方法的格式也可以理解为：

```
[接收方消息];
```

在术语上，整个表达式也叫消息表达式。

一个方法可以返回值，你可以把返回的值放在变量上保存，比如：

```
变量 = [实例方法];
```

当然，在调用一个方法时，可能需要提供输入参数，比如：

```
[member setAge:36];
```

所以，完整的方法调用的格式为：

```
[接收方名字1:参数1 名字2:参数2, 名字3:参数3 .. ]
```

在术语上，方法的名称是"名字 1:名字 2:名字 3.."，我们将在第 4.5 节讲述更多的内容。

Objective-C 语言允许你在一个方法调用中嵌套另一个方法调用，比如：

```
[NSStringstringWithFormat:[test format]];
```

我们应该尽量避免在一行代码里面嵌套调用超过两个的方法。因为这样的话，代码的可读性就不太好。还有一点，self 类似 Java 的 this，使用 self 可以调用本类中的方法，比如：

```
- (BOOL)isQualified{//年龄满足条件吗？
return ([self age] >21);
}
```

1.5.5　输入和输出数据

在 Objective-C 里，可以使用 NSLog 在控制台上输出信息。NSLog 跟 C 语言的 printf()函数几乎完全相同，除了格式化标志不同，比如，"%@"表示字符串，"%i"表示整数。每当出现一个这样的符号，就到语句后面找一个变量值来替换。如果有多个符号，那么，按照顺序到后面去找多个变量值替换。比如：

```
NSLog ( @"当前的日期和时间是: %@", [NSDate date] );
NSLog(@"a=%i,b=%i,c=%i",a,b,c);
```

当在一个对象上调用 NSLog 方法时，其输出结果是该对象的 description 方法。NSLog 打印 description 方法返回的 NSString 值。你可以在自己的类里重写 description 方法，从而，当 NSLog 方法调用时，就可以返回一个自定义的字符串。

上面的 NSLog 方法用于输出数据，与其相对应的有一个方法是用来输入值，这就是 scanf 函数。通过这个函数，可以让用户从键盘上输入一些值到程序中，具体用法如下所示。

【例 1-1】输入值实例。

```
#import<Foundation/Foundation.h>

int main (intargc, const char * argv[]) {
    @autoreleasepool{
    int n;
    NSLog(@"请输入一个整数：");
    scanf("%i",&n);
    NSLog(@"%i",n);

};
return 0;
}
```

【程序结果】

```
请输入一个整数：
5（然后按回车）
5
```

1.5.6 变量和标识符

在程序中，经常需要定义一些变量。比如，下面定义了 a 为一个 int（整数）变量：

```
int a=5;
```

每个变量都有名字和数据类型，在内存中占据一定的存储单元，并在该存储单元中存放变量的值。图 1-15 描述了变量名和变量值是两个不同的概念。

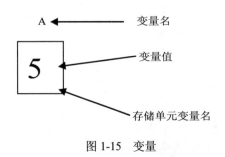

图 1-15　变量

在 Objective-C 中，用于标识变量名、接口名、方法名、类名的有效字符称为标识符。一个标识符可以是大写字母、小写字母、数字和下划线的任意顺序组合，但不能以一个数字开始。Objective-C 的变量是区分大小写的。下面是一些合法变量名的例子：

```
member   a4   flagTypeis_it_ok
```

下面是一些不合法变量名的例子：

```
#member4a   flag-Type    is/it/ok
```

在选择变量名、接口名、方法名、类名时，应该做到"见名知意"，即其他人一读就能猜出是干什么用的，以增强程序的可读性。另外，变量定义必须放在变量使用之前。

在程序中常常需要对变量赋初值，以便使用变量。Objective-C 语言中可有多种方法为变量提供初值。本小节先介绍作变量定义的同时给变量赋以初值的方法，这种方法称为初始化。在变量定义中赋初值的一般形式为：

类型说明符变量 1= 值 1，变量 2= 值 2，……；

例如：

```
int a=3;
intb,c=5;
float x=3.2,y=3f,z=0.75;
char ch1='K',ch2='P';
```

应该注意，在定义中不允许连续赋值，如 a=b=c=5 是不合法的。

【例 1-2】赋初值实例。

```
#import<Foundation/Foundation.h>
int main (intargc, const char * argv[])
{
        @autoreleasepool {
        int a=3,b,c=5;
        b=a+c;
        NSLog(@"a=%i,b=%i,c=%i",a,b,c);

        };
        return 0;
}
```

【程序结果】

```
a=3,b=8,c=5
```

在选择使用的标识符时，不允许使用下面的 Objective-C 的关键字：_Bool、_Complex、_Imaginary、auto、break、bycopy、byref、case、char、const、continue、default、do、 double、else、enum、extern、float、for、goto、if、in、inline、inout、int、long、oneway、out、register、restrict、return、self、short、signed、sizeof、static、struct、super、switch、typedef、union、unsigned、void、volatile 和 while。

另外，Objective-C 预定义的标识符如表 1-2 所示。

表 1-2　Objective-C 预定义的标识符

标识符	含义
_cmd	在方法内自动定义的本地变量，它包含该方法的选择程序
func	在函数内或方法内自动定义的本地字符串变量，它包含函数名或者方法名
BOOL	布尔值，通常以 YES 和 NO 方式使用
Class	类对象类型
id	通用对象类型
IMP	指向返回 id 类型值的方法的指针
nil	空对象
Nil	空类对象
NO	定义为（BOOL）0
NSObject	在<Foundation/NSObject.h>中定义的所有类的根类
Protocol	存储协议相关信息的类的名称
SEL	已经编译的选择程序
self	在方法内自动定义的本地变量，就是指消息的接收者（简单来说，就是本类）
super	消息接收者的父类
YES	定义为（BOOL）1

1.5.7　指令符（@）

正如我们在代码中看到的，Objective-C 在多个地方使用"@"符号，这是编译器使用的指令符。表 1-3 总结了 Objective-C 上的各个指令符。

表 1-3　Objective-C 的指令

指令	含义	例子
@"char"	定义一个字符串常量	@"www.xinlaoshi.com"
@class c1,c2,…	将 c1，c2……声明为类	@class Person;
@defs(class)	返回 class 的结构变量的列表	struct Class1 { @defs(Class2); }
@encode(type)	将字符串编码为 type 类型	@encode (NSString *)
@autoreleasepool	定义一个自动释放池	@autoreleasepool{}

（续表）

指令	含义	例子
@end	结束类接口部分、类实现部分、协议部分	@end
@implementation	开始一个类实现部分	@implementation Class1
@interface	开始一个类接口部分	@interface Class1: NSObject
@private	定义一个或者多个实例变量的作用域为private	@private{inti;}
@protected	定义一个或者多个实例变量的作用域为protected	@protected{inti;}
@public	定义一个或者多个实例变量的作用域为public	@public{inti;}
@property(list) names	声明属性变量（可以为多个），其中list为可选参数	property (retain, nonatomic) NSString *name;
@protocol	为指定的 protocol 创建一个 Protocol 对象	@protocol (Copying){...}if ([class1 conformsTo:(protocol)]）
@protocol name	开始 name 协议的定义	@protocol Copying
@selector(method)	method 的选择对象	if ([class1 respondsTo: @selector (allocF)]) {...}
@synchronized(object)	定义一个同步，即在某一个时刻，仅被一个线程占用	@synchronized(self)
@synthesize names	为 names 生成 getter/setter 方法（如果开发人员没有提供的话）	@synthesizename;
@try	开始捕获异常	@try{NSString *name;}
@catch (exception)	处理捕获到的异常	@catch(NSException *e){....}
@finally	不管是否抛出异常均会被执行的语句块	@finally{[name relese];}
@throw	抛出一个异常	@throw e;

1.5.8　语句

一个程序是由多个语句组成的。简单来说，一个语句=表达式+以“;”结尾，比如：

```
b=a+c;
NSLog(@"a=%i,b=%i,c=%i",a,b,c);
```

另外，一个“;”自己也可以成为一个语句（即空语句）。在 Objective-C 中，有很多种类的语句，比如，程序控制语句（if、while、for等）。在后面几章中将会详细讲解各个语句。

第2章

数据类型和运算符

从本章节可以学习到：

- ❖ 简单数据类型
- ❖ Objective-C 的其他数据类型
- ❖ 运算符和表达式

在上一章中，我们介绍了变量的定义，每个变量都有名字和数据类型。本章将阐述Objective-C的数据类型和运算符。

2.1 简单数据类型

Objective-C定义了多个简单（或基本）数据类型，比如，int（整数）。简单数据类型代表单值，而不是复杂的对象。Objective-C是面向对象的语言，但简单数据类型不是面向对象的。它们类似于其他大多数非面向对象语言（比如C语言）的简单数据类型。在Objective-C中提供简单数据类型的原因是出于效率方面的考虑，另外一点是，与Java不同，Objective-C的整数大小是根据执行环境的规定而变化。

2.1.1 整型

整型数据可以分为以下几种类型。

①整型：类型说明符为int，一般在内存中占4个字节（在有些机器上，可能占用8个字节）。在NSLog上，使用%i格式来输出整数。

②短整型：类型说明符为short int或short，一般在内存中占2个字节。同int相比，主要是为了节省内存空间。

③长整型：类型说明符为long int或long。在很多机器上，长整型在内存中占4个字节，同int相同。

④无符号型：类型说明符为unsigned。

无符号型又可与上述三种类型匹配而构成下面三种整型。

- 无符号整型：类型说明符为unsigned int或unsigned。
- 无符号短整型：类型说明符为unsigned short。
- 无符号长整型：类型说明符为unsigned long。

各种无符号类型变量所占的内存空间字节数与相应的有符号类型变量相同。但由于省去了符号位，故不能表示负数。有符号短整型变量的最大值为32767，而无符号短整型变量的最大值为65535，它们在存储单元中的存储情况如图2-1所示。

有符号短整型变量在存储单元中的存储情况：

0	1	1	1	1	1	1	1	1	1	1	1	1	1	1	1

无符号短整型变量在存储单元中的存储情况：

1	1	1	1	1	1	1	1	1	1	1	1	1	1	1	1

图2-1　有符号短整型变量和无符号短整型变量在存储单元中的存储情况

以 13 为例，各种数据类型在存储单元中的存储情况如图 2-2 所示。

整型：

00	00	00	00	00	00	00	00	00	00	00	00	00	00	11	01

短整型：

00	00	00	00	00	00	11	01

无符号整型：

00	00	00	00	00	00	00	00	00	00	00	00	00	00	11	01

无符号短整型：

00	00	00	00	00	00	11	01

图 2-2　数值 13 的不同数据类型在存储单元中的存储情况

整型变量的定义为：

类型说明符变量名标识符,变量名标识符,...;

例如：

```
int a,b,c; //a,b,c 为整型变量
long x,y; //x,y 为长整型变量
unsigned p,q; //p,q 为无符号整型变量
```

在书写变量定义时，应注意以下几点：

- 允许在一个类型说明符后，定义多个相同类型的变量，各变量名之间用逗号间隔。类型说明符与变量名之间至少用一个空格间隔。
- 最后一个变量名之后必须以"；"号结尾。
- 变量定义必须放在变量使用之前。

【例 2-1】整型变量的定义。

```
#import <Foundation/Foundation.h>
int main (int argc, char *argv[])
{
@autoreleasepool {
int integerVar = 100;
NSLog (@"integerVar = %i", integerVar);
}
return 0;
}
```

程序中，%i 是格式转换符，表示打印出来的数据是 int 类型的。

【程序结果】

```
integerVar =100
```

【例2-2】整型变量的使用。

```
#import <Foundation/Foundation.h>

int main (int argc, const char * argv[])
{
        @autoreleasepool{
        int a,b,c,d;
        unsigned u;
        a = 12;
        b = -24;
        u = 10;
        c = a + u;
        d = b + u;
        NSLog (@"a+u=%i,b+u=%i",c,d) ;
        }
        return 0;
}
```

【程序结果】

```
a+u=22,b+u=-14
```

【例2-3】数据类型的混用。

```
#import <Foundation/Foundation.h>

int main (int argc, const char * argv[])
{
        @autoreleasepool{
        long x,y;
        int a,b,c,d;
        x=5;
        y=6;
        a=7;
        b=8;
        c=x+a;
        d=y+b;
        NSLog (@"c=x+a=%i;d=y+b=%i",c,d) ;
        }
        return 0;
}
```

【程序结果】

```
c=x+a=12;d=y+b=14
```

从程序中可以看到：x、y 是长整型变量，a、b 是基本整型变量。它们之间允许进行运算，运算结果为长整型。但 c、d 被定义为整型，因此最后结果转换为整型。本例说明，不同类型的变量可以参与运算并相互赋值，其中的类型转换是由系统自动完成的。有关类型转换的规则将在以后介绍。

在 Objective-C 中还存在两种特殊的格式，他们是用一种非十进制形式表达整型数据的。如果一个整型的值是以 0 开头的，那么这个整型的数据将要使用八进制的计数法来表示，也就是说：基数是 8 而不是 10。在这种情况下，这个数的其余位必须是合法的八进制数字，必须是 0～7 之间的数字，比如，八进制数 010 表示十进制数 8，在 NSLog 调用的格式字符串中使用的符号为%0，表示可以打印出八进制的数字。

如果整型数据以数字 0 和字母 x 或者 X 开头，那么这个值将要用十六进制计数法来表示。在 x 后面的数字是十六进制的数字，它可以由 0～9 之间的数字和 a~f（A~F）之间的字母组成。字母分别表示 10～15。与此对应的格式转换符为%X 或者%#X（%x 或者%#x）。

2.1.2　实型

实型数据分为实型常量和实型变量。

1．实型常量

实型常量也称为实数或者浮点数。在 Objective-C 语言中，它有两种形式：小数形式和指数形式。

- 小数形式：由数字 0~9 和小数点组成。例如：0.0、25.0、5.789、0.13、5.0、300.、-267.8230 等均为合法的实数。注意，必须有小数点。在 NSLog 上，使用%f 格式来输出小数形式的实数。
- 指数形式：由十进制数、加阶码标志 e 或 E 以及阶码（只能为整数，可以带符号）组成。其一般形式为：a E n（a 为十进制数，n 为阶码）。其值为 $a*10^n$。在 NSLog 上，使用%e 格式来输出指数形式的实数。一些合法的实数例子如下所示。

```
2.1E5（等于2.1*10⁵）
3.7E-2（等于3.7*10⁻²）
0.5E7（等于0.5*10⁷）
-2.8E-2（等于-2.8*10⁻²）
```

以下不是合法的实数例子。

```
345（无小数点）
E7（阶码标志E之前无数字）
-5（无阶码标志）
53.-E3（负号位置不对）
2.7E（无阶码）
```

Objective-C 允许浮点数使用后缀，后缀为 f 或 F 即表示该数为浮点数。如 356f 和 356F 是等价的。

2．实型变量

（1）实型数据在内存中的存放形式

实型数据一般占 4 个字节（32 位）内存空间，按指数形式存储。实数 3.14159 在内存中的存放形式如图 2-3 所示。

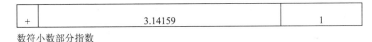

| + | 3.14159 | 1 |

数符小数部分指数

图 2-3 实数 3.14159 在内存中的存放形式

小数部分占的位（bit）数愈多，数的有效数字愈多，精度愈高。指数部分占的位数愈多，则能表示的数值范围愈大。

（2）实型变量的分类

实型变量分为：单精度（float 型）、双精度（double 型）和长双精度（long double 型）三类。在大多数机器上，单精度型占 4 个字节（32 位）内存空间，其数值范围为 3.4E-38～3.4E+38，只能提供 7 位有效数字。双精度型占 8 个字节（64 位）内存空间，其数值范围为 1.7E-308～1.7E+308，可提供 16 位有效数字。表 2-1 比较了三种数据类型。

表 2-1　三种数据类型的比较

类型说明符	位数（字节数）	有效数字	数的范围
float	32（4）	6~7	10-37~1038
double	64（8）	15~16	10-307~10308
long double	128（16）	18~19	10-4931~104932

实型变量定义的格式和书写规则与整型相同，例如：

```
float x,y; //x,y 为单精度实型变量
double a,b,c; //a,b,c 为双精度实型变量
```

【例2-4】实型数据的定义。

```
#import <Foundation/Foundation.h>
int main (int argc, char *argv[])
{
    @autoreleasepool{
    float floatingVar = 331.79;
    double doubleVar = 8.44e+11;
    NSLog (@"floatingVar = %f", floatingVar);
    NSLog (@"doubleVar = %e", doubleVar);
    NSLog (@"doubleVar = %g", doubleVar);
```

```
        }
        return 0;
}
```

对于 float 和 double 类型，%f 为十进制数形式的格式转换符，表示使用浮点数小数形式打印出来；%e 表示用科学计数法的形式打印出来浮点数；%g 用最短的方式表示一个浮点数，并且使用科学计数法。

【程序结果】

```
floatingVar=331.790009
doubleVar=8.440000e+11
doubleVar=8.44e+11
```

3．实型数据的舍入误差

由于实型变量能提供的有效数字总是有限的，比如，float 只能提供 7 位有效数字。在实际计算中，会有一些舍入误差。

【例 2-5】实型数据的舍入误差。

```
#import <Foundation/Foundation.h>

int main (int argc, const char * argv[])
{
        @autoreleasepool {
        float a=123456.789e5;
        float b=a+20;
        NSLog (@"%f",a) ;
        NSLog (@"%f",b) ;
        }
        return 0;
}
```

【程序结果】

```
12345678848.000000
12345678848.000000
```

【例 2-6】实型数据的有效数位。

```
#import <Foundation/Foundation.h>

int main (int argc, const char * argv[])
{
        @autoreleasepool{
        float a = 33333.33333;
        double b = 33333.33333333333333;
```

```
      NSLog (@"%f",a) ;
      NSLog (@"%f",b) ;
      }
      return 0;
}
```

【程序结果】

```
33333.332031
33333.333333
```

从上例可以看出，由于 a 是单精度浮点型，有效位数只有 7 位。而整数已占 5 位，故小数二位之后均为无效数字。另外，b 是双精度型，有效位为 16 位。但 Objective-C 规定小数后最多保留 6 位，其余部分四舍五入。另外，实型常数不分单、双精度，都按双精度 double型处理。

2.1.3　字符型

1．字符常量

字符常量是用单引号括起来的一个字符。例如，下面的都是合法字符常量：

'a'、'b'、'='、'+'、'?'

在 Objective-C 语言中，字符常量有以下特点。

①字符常量只能用单引号括起来，不能用双引号或其他括号。

②字符常量只能是单个字符（转义字符除外），不能是字符串。

③字符可以是字符集中任意字符。但数字被定义为字符型之后就不能参与数值运算。如 '5'和 5 是不同的。'5'是字符常量，不能参与运算。

④Objective-C 中的字符串不是"abc"，而是@"abc"。

转义字符是一种特殊的字符常量。转义字符以反斜线"\"开头，后跟一个或几个字符。转义字符具有特定的含义，不同于字符原有的意义，故称"转义"字符。例如，"\n"就是一个转义字符，表示"换行"。转义字符主要用来表示那些用一般字符不便于表示的控制代码。常用的转义字符及其含义如表 2-2 所示。

广义地讲，Objective-C 语言字符集中的任何一个字符均可用转义字符来表示。表中的 \ddd 和\xhh 正是为此而提出的。ddd 和 hh 分别为八进制和十六进制的 ASCII 代码。如\101 表示字母 A，\102 表示字母 B，\134 表示反斜线，\XOA 表示换行等。

表2-2 常用的转义字符及其含义

转义字符	转义字符的意义	ASCII 代码
\n	换行	10
\t	横向跳到下一制表位置	9
\b	退格	8
\r	回车	13
\f	走纸换页	12
\\	反斜线符"\"	92
\'	单引号符	39
\"	双引号符	34
\ddd	1~3位八进制数所代表的字符	
\xhh	1~2位十六进制数所代表的字符	

2．字符变量

字符变量用来存储字符常量，即单个字符。字符变量的类型说明符是 char。字符变量类型定义的格式和书写规则都与整型变量相同，例如：

```
char a,b;
```

每个字符变量被分配一个字节的内存空间，因此只能存放一个字符。字符值是以 ASCII 码的形式存放在变量的内存单元之中的。如 x 的十进制 ASCII 码是 120，y 的十进制 ASCII 码是 121。下面的例子是把字符变量 a、b 分别赋予'x'和'y'：

```
a='x';
b='y';
```

实际上是在 a、b 两个内存单元内存放 120 和 121 的二进制代码，如图2-4所示。

图 2-4 在 a、b 两个内存单元内存放 120 和 121 的二进制代码

你可以把字符值看成是整型值。Objective-C 语言允许对整型变量赋以字符值，也允许对字符变量赋以整型值。在输出时，允许把字符变量按整型量输出，也允许把整型量按字符量输出。整型量为多字节量，字符量为单字节量，当整型量按字符型量处理时，只有低 8 位字节参与处理。

【例2-7】字符变量赋以整数。

```
#import <Foundation/Foundation.h>

int main (int argc, const char * argv[])
{
        @autoreleaspool{
        char a=120;
        char b=121;
        NSLog (@"%c,%c",a,b);
        NSLog (@"%i,%i",a,b);
        }
        return 0;
}
```

【程序结果】

```
x,y
120,121
```

本程序中定义 a、b 为字符型，但在赋值语句中赋以整型值。从结果看，a、b 值的输出形式取决于 NSLog 函数格式串中的格式符。当格式符为"%c"时，对应输出的变量值为字符，当格式符为"%i"时，对应输出的变量值为整数。

【例2-8】字符变量的数值运算。

```
#import <Foundation/Foundation.h>

int main (int argc, const char * argv[])
 {
@autoreleasepool{
char a='a';
char b='b';
a=a-32;
b=b-32;
NSLog (@"%c,%c",a,b);
NSLog (@"%i,%i",a,b);
}
return 0;
}
```

【程序结果】

```
A,B
65,66
```

本例中，a、b 被声明为字符变量并赋予字符值，Objective-C 语言允许字符变量参与数值运算，即用字符的 ASCII 码参与运算。由于大小写字母的 ASCII 码相差 32，因此运算后把小写字母换成大写字母，然后分别以整型和字符型输出。

2.1.4　字符串

在 Objective-C 中，字符串常量是由 @ 和一对双引号括起的字符序列。比如，@"CHINA"、@"program"、@"$12.5" 等都是合法的字符串常量。它与 C 语言的区别在于有无"@"。

字符串常量和字符常量是不同的量，它们之间主要有以下区别。

- 字符常量由单引号括起来，字符串常量由双引号括起来。
- 字符常量只能是单个字符，字符串常量则可以含一个或多个字符。

在 Objective-C 语言中的字符串不是作为字符的数组被实现。在 Objective-C 中，字符串类型是 NSString，它不是一个简单数据类型，而是一个对象类型，这是与 C++语言不同的。我们会在后面的章节中详细介绍 NSString，下面先来看一个简单的 NSString 例子。

【例 2-9】NSString 实例。

```
#import <Foundation/Foundation.h>

int main (int argc, const char * argv[]) {
@autoreleasepool{

    NSLog (@"Programming is fun!") ;
}
    return 0;
}
```

【程序结果】

```
Programming is fun!
```

这个简单的程序只是把"Programming is fun!"字符串打印到控制台上。

2.1.5　id 类型

在 Objective-C 中，id 类型是一个独特的数据类型。在概念上，类似 Java 的 Object 类，可以转换为任何数据类型。换句话说，id 类型的变量可以存放任何数据类型的对象。在内部处理上，这种类型被定义为指向对象的指针，实际上是一个指向这种对象的实例变量的指针。例如，下面定义了一个 id 类型的变量和返回一个 id 类型的方法：

```
id anObject;
```

```
- (id) newObject: (int) type;
```

id 和 void *并非完全一样。下面是 id 在 objc.h 中的定义：

```
typedef struct objc_object {
  Class isa;
} *id;
```

从上面看出，id 是指向 struct objc_object 的一个指针。也就是说，id 是一个指向任何一个继承了 Object（或者 NSObject）类的对象。需要注意的是 id 是一个指针，所以在使用 id 的时候不需要加星号，比如，

```
id foo=nil;
```

上述语句定义了一个 nil 指针，这个指针指向 NSObject 的任意一个子类。而 "id *foo=nil;" 则定义了一个指针，这个指针指向另一个指针，被指向的这个指针指向 NSObject 的一个子类。

在 Objective-C 中，id 取代了 int 类型成为默认的数据类型（在 C 语言中，int 是默认的函数返回值类型），关键字 nil 被定义为空对象，也就是值为 0 的对象。关于更多的 Objective-C 基本类型，读者可以参考 obj/objc.h 文件。

下面举一个应用 id 类型的例子。例子中定义了两个不同的类（一个是学生类 Student，一个是会员类 Member），这两个类拥有不同的成员变量和方法。

【例 2-10】id 类型应用。

学生类头文件 Student.h 的代码如下：

```
#import <Foundation/Foundation.h>

@interface Student : NSObject {
     int sid;
     NSString *name;
}

@property int sid;
@property (nonatomic,retain) NSString *name;

- (void) print;
- (void) setSid: (int) sid andName: (NSString*) name;

@end
```

学生类实现文件 Student.m 的代码如下：

```
#import "Student.h"
```

```
@implementation Student
@synthesize sid,name;

- (void) print{
    NSLog (@"我的学号是: %i, 我的名字是: %@",sid,name) ;
}

- (void) setSid: (int) sid1 andName: (NSString*) name1{
    self.sid = sid1;
    self.name = name1;
}

@end
```

成员类头文件 Member.h 的代码如下：

```
#import <Foundation/Foundation.h>

@interface Member : NSObject {
    NSString *name;
    int age;
}
@property (nonatomic,retain) NSString *name;
@property int age;

- (void) print;
- (void) setName: (NSString*) name1 andAge: (int) age1;
@end
```

成员类实现文件 Member.m 的代码如下：

```
#import "Member.h"

@implementation Member

@synthesize name,age;
- (void) print{
    NSLog (@"我的名字是: %@,我的年龄是%i",name,age) ;
}

- (void) setName: (NSString*) name1 andAge: (int) age1{
    self.name = name1;
    self.age = age1;
}
@end
```

测试类源文件 IdTest.m 的代码如下：

```
#import <Foundation/Foundation.h>
#import "Member.h"
#import "Student.h"

int main (int argc, const char * argv[]) {
    @autoreleasepool{

    Member *member1 = [[Member alloc]init];
     [member1 setName:@"Sam" andAge:36];
     id data;
     data = member1;
     [data print];

     Student *student1 = [[Student alloc]init];
     [student1 setSid:1122334455 andName:@"Lee"];
     data = student1;
     [data print];


     }
     return 0;
}
```

【程序结果】

```
我的名字是：Sam,我的年龄是 36
我的学号是：1122334455，我的名字是：Lee
```

我们为这两个类分别创建了对象 student1 和 member1，并利用各自的设置方法设置了各自的属性值，然后创建了一个名为 data 的 id 类型对象，由于 id 类型的通用性质，我们可以将创建好的对象赋值给 data。

```
data = member1;
[data print];
...
data = student1;
[data print];
```

当上述第一条语句执行的时候，data 被转换成为了 Member 类型的对象 member1，转换完成后，就可以调用 member1 的方法 print，通过程序结果证明转换是成功的。student1 的转换过程与 member1 类似。

2.1.6　类型转换

表2-3列出了简单数据类型、示例和格式符。

表2-3　简单数据类型、示例和格式符

类型说明符	常量例子	NSLog 字符
char	'a','\n'	%c
short int	2	%hi,%hx,%ho
unsigned short int	3	%hu,%hx,%ho
int	11,-11,0xFFE0,0111	%i,%x,%o
unsigned int	11u,111U,0XFFu	%u,%x,%o
long int	11L,-1111,0xffffL	%li,%lx,%lo
unsigned long int	11UL,100ul,0xffeeUL	%lu,%lx,%lo
long long int	0x5e6e7e8LL,500ll	%lli,%llx,%llo
unsigned long long int	11ull，0xffeeULL	%llu,%llx,%llo
float	12.34f,3.1e-5f,0x1.5p10	%f,%e,%g,%a
double	12.34,3.1e-5,0x.1p3	%f,%e,%g,%a
long double	12.34l,3.1e-5l	%Lf, %Le,%Lg
id	nil	%p

不同数据类型的数据是可以转换成同一种数据类型，然后进行计算。转换的方法有两种，一种是自动转换，一种是强制转换。自动转换发生在不同数据类型的数据混合运算时，由系统自动完成。Objective-C 编译器会遵循一些非常严格的规则，编译器按照下面的顺序转换不同类型的操作数。

①如果其中一个数是 long double 类型的，那么另一个操作数被转换为 long double 类型，计算的结果也是 long double 类型。

②如果其中一个数是 double 类型的，那么另一个操作数被转换为 double 类型，计算的结果也是 double 类型。

③如果其中一个数是 float 类型的，那么另一个操作数被转换为 float 类型，计算的结果也是 float 类型。

④如果其中一个数是 Bool、char、short int、bit field、枚举类型，则全部转换为 int 类型，计算的结果也是 int 类型。

⑤如果其中一个数是 long long int 类型，那么另一个操作数被转换为 long long int 类型，计算的结果也是 long long int 类型。

⑥如果其中一个数是 long int 类型，那么另一个操作数被转换为 long int 类型，计算的结果也是 long int 类型。

图 2-5 表示了几个常用的数值型数据的自动转换规则，数据可以向箭头所指的类型转换。

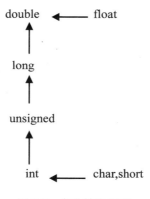

图 2-5　自动转换规则

【例 2-11】数据类型转换。

```
#import <Foundation/Foundation.h>

int main (int argc, const char * argv[]) {
      @autoreleasepool{
      float PI=3.14159;
      int s,r=5;
      s=r*r*PI;
      NSLog (@"s=%i",s) ;

      }
      return 0;
}
```

【程序结果】

```
s=78
```

本例程序中，PI 为实型，s、r 为整型。在执行 s=r*r*PI 语句时，r 和 PI 都转换成 double 型计算，结果也为 double 型。但由于 s 为整型，故赋值结果仍为整型，舍去了小数部分。

强制类型转换是通过类型转换运算来实现的，其一般形式为：

```
(类型说明符)（表达式）
```

其作用是把表达式的运算结果强制转换成类型说明符所表示的类型，例如：

```
(float) a        //把 a 转换为实型
(int) (x+y)       //把 x+y 的结果转换为整型
```

在使用强制转换时，应注意以下问题：类型说明符和表达式都必须加括号（单个变量可以不加括号），如把（int）（x+y）写成（int）x+y 则成了把 x 转换成 int 型之后再与 y 相加了。另外，无论是强制转换或是自动转换，都只是为了本次运算的需要而对变量的数据长度进行的临时性转换，而不改变数据声明时对该变量定义的类型。

【例 2-12】强制类型转换实例。

```
#import <Foundation/Foundation.h>

int main (int argc, const char * argv[])
{
        @autoreleasepool{
        float f=5.75;
        NSLog (@" (int) f=%i,f=%f", (int) f,f) ;

        }
        return 0;
}
```

【程序结果】

```
(int) f=5,f=5.750000
```

本例表明，f 虽强制转为 int 型，但只在运算中起作用，是临时的，而 f 本身的类型并不改变。因此，（int）f 的值为 5，删去了小数，而 f 的值仍为 5.750000。

2.1.7 枚举类型

如果一个变量只有几种可能的值，那么，可以把它定义为枚举类型（也称为枚举）。所谓枚举是指将变量的值一一列举出来，变量的值只限于列举出来的值的范围内。枚举类型的定义是以 enum 关键字开头，然后是枚举数据类型的名称，而后是一系列值，这些值包含在一对花括号中，它们定义了可以给该类型指派的所有容许的值。例如：

```
enum sex {male,female};
```

上面的例子定义了一个枚举类型 sex，这个数据类型只能指派 male 和 female 两种值。要注意的是，如果指定其他的值，Objective-C 编辑器不会发出警告。

下面我们使用这个类型来定义变量：

```
enum sex student,teacher;
```

上面的例子定义了两个 sex 类型的变量 student 和 teacher，这两个变量的值只能是 male 或 female。比如，

```
student = male;
```

在 Objective-C 编译中，将枚举元素（比如 male）按照常量处理。Objective-C 语言的编译器按照定义的顺序从 0 开始依此编号下去。你也可以修改这个编号顺序。比如，

```
enum direction {up,down,left = 9,right};
```

我们定义了一个枚举类型 direction，因为 up 在序列的第一位，所以编译器将它赋值为 0，down 在其后面所以赋值为 1；对于 left，我们赋值为 9，后面是 right，所以它的值是 10。

【例 2-13】枚举标识符实例。

```
#import <Foundation/Foundation.h>
int main (int argc, const char * argv[]) {
@autoreleasepool{

    enum direction {
    left,right,up = 9,down
    };
    enum direction mydirection;
    mydirection = right;
    NSLog (@"%i",mydirection) ;
    mydirection = down;
    NSLog (@"%i",mydirection) ;
    }
    return 0;
}
```

【程序结果】

```
1
10
```

还有一个要指出的是，枚举值可以被用来作判断比较，比如：

```
if (mydirection == right) …
```

2.1.8 typedef

Objective-C 提供了一种方法，可以使编程者为数据类型另外指派一个名称，这是通过 typedef 指令实现的。

```
typedef int  Age;
```

我们定义的名称 Age 等价于 Objective-C 的数据类型 int。这样一来，在后面需要定义 int 类型的变量都可以这样定义：

```
Age i, j;
```

使用 typedef 的主要好处是增加了变量定义的可读性，从 i 和 j 的定义就可看出变量在程序中的使用目的，用传统的方法则没有这样的好处。下面再列举另外一个例子：

```
typedef NSString * NameObject;
```

下面声明一些名为 NameObject 类型的变量，如下所示：

```
NameObject object1, object2, object3;
```

这样的声明相当于（注意*号）：

```
NSString * object1, *object2, *object3;
```

在基础框架的头文件中，我们发现了如下的定义，它使用 typedef 指令定义了 NSComparisonResult 类型。

```
typedef enum _NSComparisonResult {
    NSOrderedAscending = -1, NSOrderedSame, NSOrderedDescending
} NSComparisonResult;
```

比较方法 compare 返回值类型就是 NSComparisonResult，这个方法在两个字符串比较之后返回一个值，这个方法的具体声明如下：

```
- (NSComparisonResult) compare: (NSString *) string;
```

我们测试 object1 和 object2 是否完全相等，可以这样写：

```
if ( [object1 compare: object2] == NSOrderedSame) {
...
}
```

下面举一个具体的例子。

【例2-14】typedef实例。

```
#import <Foundation/Foundation.h>
typedef NSString* MyName;

int main (int argc, const char * argv[]) {

@autoreleasepool{
    MyName name1,name2;
    name1 = [NSString stringWithString:@"Sam"];
    name2 = [NSString stringWithString:@"Lee"];
    NSLog (@"%@ and %@",name1,name2) ;
```

```
    }
    return 0;
}
```

【程序结果】

```
Sam and Lee
```

2.2　Objective-C 的其他数据类型

在 Objective-C 中，还有一些其他的数据类型，比如 BOOL（布尔）、SEL 等。

2.2.1　BOOL

在 objc.h 中，BOOL 定义为：

```
typedef signed char    BOOL;

#define YES            (BOOL) 1
#define NO             (BOOL) 0
```

从上面的定义，我们发现布尔变量的值为 YES/NO，或 1/0。YES 或 1 代表真，NO 或 0 代表假。比如，你定义了一个布尔变量并设置了布尔值：

```
BOOL enabled = NO;
enabled = 0;
```

判断布尔值为 YES：

```
if (enabled == YES) ….
```

YES 可以省略：

```
if (enabled) ….
```

判断布尔值为 NO：

```
if (!enabled) ….
```

或者：

```
if (enabled != YES) ….
```

【例2-15】生成 2 到 50 之间的所有质数。

```
#import <Foundation/Foundation.h>
int main (int argc, const char * argv[]) {

@autoreleasepool{
    int p, d;
      BOOL isPrime;
      for ( p = 2; p <= 50; ++p ) {
            isPrime = YES;
            for ( d = 2; d < p; ++d )
                    if ( p % d == 0 )
                            isPrime = NO;

            if ( isPrime == YES )
                    NSLog (@" %i ", p);
      }
    }
  return 0;
}
```

【程序结果】

```
2
3
5
7
11
13
17
19
23
29
31
37
41
43
47
```

首先定义了两个 int 类型的变量，供我们在以后的循环里面使用，另外需要了解一下质数的概念：在一个大于 1 的自然数中，除了 1 和此整数自身外，没法被其他自然数整除的数。假设定义的 p 是一个质数，所以有这样一段代码：

```
isPrime = YES;
```

然后定义另外一个 for 循环，整数 d 的循环范围是从 2 到我们正在判断的整数 p，只要在这个范围内的任意一个数能被 p 整除，就说明数 p 不是一个质数，这时候变量 isPrime 就会变成 NO。

```
if ( p % d == 0 )
        isPrime = NO;
```

最后将符合条件的数字打印出来（也就是将所有质数打印出来），最终形成了程序输出的结果。

```
if ( isPrime == YES )
    NSLog (@"%i ", p);
```

2.2.2　SEL

在 Objective-C 中，SEL 是选择器（selector）的一个类型。选择器就是指向方法的一个指针，读者可以简单理解为程序运行到这里就会执行指定的方法，可以这样定义一个选择器：

```
SEL action = [button action];
```

我们这样使用一个选择器，下面的选择器都叫做 action：

```
[Foo action]
[Bar action]
```

在 Target-Action 模式（Cocoa 程序中的一种常用模式）中：Target 指定了一个类，Action 指定一个方法。在一个对象上设置 Action 就是通过选择器完成的：

- （void）setTarget:（id）target;
- （void）setAction:（SEL）action;

下述语句设置了一个 button 对象上的 Action 为"@selector（start:）"，即它调用 start 方法：

```
[button setAction:@selector (start:) ];
```

如果你的方法上有两个参数，比如：

```
- (void) setName: (NSString *) name age: (int) age;
```

那么，你的选择器应该这样书写：

```
SEL sel = @selector (setName:age:);
```

如果方法不存在的话，调用该方法的应用可能会异常中止。所以，需要使用 respondsToSelector 方法来判断该对象是否存在对应的方法，使用 performSelector:withObject:

方法来调用选择器:

```
SEL sel = @selector (start:) ;                // 指定action
if ([obj respondsToSelector:sel]) {           //判断该对象是否有相应的方法
[obj performSelector:sel withObject:self];    //调用选择器方法
}
```

下面来看一个应用选择器的实例。

【例 2-16】选择器实例。

```
#import <Foundation/Foundation.h>

@interface ClassA : NSObject {

}
- (void) print;
@end

@implementation ClassA
- (void) print{
    NSLog (@"I'm ClassA.") ;
}
@end

int main (int argc, const char * argv[]) {
@autoreleasepool{
    SEL sel = @selector (print) ;
    ClassA *classA = [[ClassA alloc]init];
    [classA performSelector:sel withObject:nil]; //调用选择器指定的方法
}
    return 0;
}
```

【程序结果】

```
I'm ClassA.
```

下面解释一下这段代码,读者有可能看不明白,因为到目前为止并没有讲述类相关的知识。读者只需要了解上述例子中选择器的用法即可,关于类的知识,会在后面的章节详细阐述。

代码首先创建了一个名字叫 ClassA 的类,它只包含一个方法 print。在随后的实现文件中,我们实现了这个方法:

```
- (void) print{
    NSLog (@"I'm ClassA.") ;
```

```
}
```

读者不难看出，这个方法仅仅是打印到控制台上一句话。在接下来的 main 方法中，定义了一个选择器 sel，它指向的是一个名叫 print 的方法。我们并不知道这个方法是哪个类的，因为具体的信息是在运行期间系统自动帮我们判断的。

```
SEL sel = @selector (print) ;
```

随后构建了一个对象（读者不用拘泥于语法，我们会在后面的章节详细阐述），并调用这个对象 performSelector:withObject:的方法。

```
ClassA *classA = [[ClassA alloc]init];
[classA performSelector:sel withObject:nil];
```

这时候，系统就会自动调用 classA 对象的 print 方法，最终得到程序运行结果。

2.2.3　Class

与 Java 类似，你可以使用 Class 类来获得一个对象所属的类，比如：

```
Class  theClass = [theObject  class]; //获得 theObject 对象的 class 信息
NSLog (@"类名是%@", [ theClass  className]) ; //记录类的名字
```

Class 类有几个常用的方法，如判断某个对象是否为某个类（包括其子类）的对象：

```
if ([theObject  isKindOfClass:[Member class]]) {…..}
```

如果不想包括子类，就可以使用：

```
if ([theObject  isMemeberOfClass:[Member class]]) {…..}
```

在 objc.h 中，Class（类）被定义为一个指向 struct objc_class 的指针：

```
typedef struct objc_class *Class;
```

objc_class 在 objc/objc-class.h 中定义，代码如下所示

```
struct objc_class {
  struct objc_class *isa;
  struct objc_class *super_class;
  const char *name;
  long version;
  long info;
  long instance_size;
  struct objc_ivar_list *ivars;
  struct objc_method_list **methodLists;
```

```
  struct objc_cache *cache;
  struct objc_protocol_list *protocols;
};
```

下面来看一个具体的实例，我们只将上一节的例子稍稍修改一下。

【例2-17】Class 实例。

```
#import <Foundation/Foundation.h>

@interface ClassA : NSObject {

}
- (void) print;
@end

@implementation ClassA
- (void) print{
    NSLog (@"I'm ClassA.") ;
}
@end

int main (int argc, const char * argv[]) {
    @autoreleasepool{

    ClassA *classA = [[ClassA alloc]init];
    Class theClass = [classA class];
    NSLog (@"%@",[theClass className]) ;

    }
    return 0;
}
```

【程序结果】

```
ClassA
```

关于类定义部分的代码，完全和选择器例子的代码相同，我们就不再说明了。上面代码构建了一个 ClassA 的对象 classA，接下来又构建一个 Class 类的对象 theClass 用于存储 classA 对象类的信息。通过调用 theClass 对象的 className 方法，将这个对象的类名打印到控制台上。最终的结果显示，classA 对象的类是 ClassA，这与我们的定义完全相符。

2.2.4　nil 和 Nil

nil 和 C 语言的 NULL 相同，在 objc/objc.h 中定义。nil 表示一个 Objctive-C 对象，这个

对象的指针指向空（没有东西就是空），具体定义如下：

```
#define nil 0   /* id of Nil instance */
```

首字母大写的 Nil 和 nil 有一点不一样，Nil 定义一个指向空的类（是 Class，而不是对象）。具体定义如下：

```
#define Nil 0    /* id of Nil class */
```

【例2-18】nil 实例。

```
#import <Foundation/Foundation.h>

@interface ClassA : NSObject {

}
- (void) print;
@end

@implementation ClassA
- (void) print{
    NSLog (@"I'm ClassA.") ;
}
@end

int main (int argc, const char * argv[]) {
@autoreleasepool{
    ClassA *classA = [[ClassA alloc]init];
    classA = nil;

    if (classA == nil) {
        NSLog (@"classA is nil") ;
    }

    }
    return 0;
}
```

【程序结果】

```
classA is nil
```

上面代码创建了一个 ClassA 的对象 classA，并且正常初始化，这时候，classA 对象不为空，接着使用一条语句将它设置为空，然后判断该对象是否为 nil，如果这个对象为空，就会打印出一条语句到控制台上。

2.3 运算符和表达式

Objective-C 语言提供了丰富的运算符和表达式。

2.3.1 Objective-C 运算符

Objective-C 的运算符可分为以下几类。

- 算术运算符：用于各类数值运算。包括加（+）、减（-）、乘（*）、除（/）、求余（或称模运算，%）、自增（++）、自减（——）共七种。
- 关系运算符：用于比较运算。包括大于（>）、小于（<）、等于（==）、大于等于（>=）、小于等于（<=）和不等于（!=）六种。
- 逻辑运算符：用于逻辑运算。包括与（&&）、或（||）、非（!）三种。
- 位操作运算符：参与运算的数值按二进制位进行运算。包括位与（&）、位或（|）、位非（~）、位异或（^）、左移（<<）、右移（>>）六种。
- 赋值运算符：用于赋值运算，分为简单赋值（=）、复合算术赋值（+=、-=、*=、/=、%=）和复合位运算赋值（&=、|=、^=、>>=、<<=）三类共十一种。
- 条件运算符：这是一个三目运算符，用于条件求值（?:）。
- 逗号运算符：使用"，"把若干表达式组合成一个表达式。
- 指针运算符：用于取内容（*）和取地址（&）二种运算。
- 求字节数运算符：用于计算数据类型所占的字节数（sizeof）。
- 特殊运算符：有括号（()）、下标（[]）、成员（.）等几种。

这些运算符具有不同的优先级，而且还有一个特点，就是它的结合性。在表达式中，参与运算的先后顺序，不仅要遵守运算符优先级别的规定，还要受运算符结合性的制约，以便确定是自左向右进行运算，还是自右向左进行运算。

2.3.2 表达式和运算优先级

表达式是由常量、变量、函数和运算符组合起来的式子。一个表达式有一个值及其类型，它们等于计算表达式所得结果的值和类型。表达式求值按运算符的优先级和结合性规定的顺序进行。单个的常量、变量、函数可以看作是表达式的特例。下面是一些表达式的例子：

```
a+b
(a*2) / c
(x+r) *8- (a+b) /7
```

运算符的运算优先级共分为 15 级，1 级最高，15 级最低。在表达式中，优先级较高的先于优先级较低的进行运算。当一个运算量两侧的运算符优先级相同时，系统按运算符的结合性所规定的结合方向处理。

当遇到同一优先级的运算符，运算次序由结合方向所决定。各运算符的结合性分为两种，即左结合性（自左至右）和右结合性（自右至左）。算术运算符的结合性是自左至右，即先左后右。比如表达式 x-y+z，y 应先与"-"号结合，执行 x-y 运算，然后再执行+z 的运算。这种自左至右的结合方向就称为"左结合性"。而自右至左的结合方向称为"右结合性"。最典型的右结合性运算符是赋值运算符。比如 x=y=z，由于"="的右结合性，应先执行 y=z 再执行 x=（y=z）运算。运算符中有不少为右结合性，应注意区别，以避免理解错误。

具体的运算优先级如表 2-4 所示。

表 2-4 运算优先级表

优先级	运算符	名称或含义	使用形式	结合方向	说明
1	[]	数组下标	数组名[常量表达式]	左到右	
	（）	圆括号	（表达式）方法名（参数表）		
	.	成员选择（对象）	对象.成员名		
2	-	负号运算符	-表达式	右到左	单目运算符
	(类型)	强制类型转换	（数据类型）表达式		
	++	自增运算符	++变量名 变量名++		单目运算符
	--	自减运算符	--变量名 变量名--		单目运算符
	*	取值运算符	*指针变量		单目运算符
	&	取地址运算符	&变量名		单目运算符
	!	逻辑非运算符	!表达式		单目运算符
	~	按位取反运算符	~表达式		单目运算符
	sizeof	长度运算符	sizeof（表达式）		
3	/	除	表达式/表达式	左到右	双目运算符
	*	乘	表达式*表达式		双目运算符
	%	余数（取模）	整型表达式%整型表达式		双目运算符
4	+	加	表达式+表达式	左到右	双目运算符
	-	减	表达式-表达式		双目运算符
5	<<	左移	变量<<表达式	左到右	双目运算符
	>>	右移	变量>>表达式		双目运算符

（续表）

优先级	运算符	名称或含义	使用形式	结合方向	说明
6	>	大于	表达式>表达式	左到右	双目运算符
	>=	大于等于	表达式>=表达式		双目运算符
	<	小于	表达式<表达式		双目运算符
	<=	小于等于	表达式<=表达式		双目运算符
7	==	等于	表达式==表达式	左到右	双目运算符
	!=	不等于	表达式!= 表达式		双目运算符
8	&	按位与	表达式&表达式	左到右	双目运算符
9	^	按位异或	表达式^表达式	左到右	双目运算符
10	|	按位或	表达式|表达式	左到右	双目运算符
11	&&	逻辑与	表达式&&表达式	左到右	双目运算符
12	||	逻辑或	表达式||表达式	左到右	双目运算符
13	?:	条件运算符	表达式 1? 表达式 2: 表达式 3	右到左	三目运算符
14	=	赋值运算符	变量=表达式	右到左	
	/=	除后赋值	变量/=表达式		
	*=	乘后赋值	变量*=表达式		
	%=	取模后赋值	变量%=表达式		
	+=	加后赋值	变量+=表达式		
	-=	减后赋值	变量-=表达式		
	<<=	左移后赋值	变量<<=表达式		
	>>=	右移后赋值	变量>>=表达式		
	&=	按位与后赋值	变量&=表达式		
	^=	按位异或后赋值	变量^=表达式		
	|=	按位或后赋值	变量|=表达式		
15	,	逗号运算符	表达式,表达式,...	左到右	从左向右顺序运算

2.3.3 算术运算符

基本的算术运算符介绍如下：

- 加法运算符"+"：加法运算符为双目运算符，即应有两个量参与加法运算。比如

a+b、4+8 等。它具有右结合性。

- 减法运算符 "-"：减法运算符为双目运算符。但 "-" 也可作为负值运算符，此时为单目运算，比如-x、-5 等具有左结合性。
- 乘法运算符 "*"：双目运算符，具有左结合性。
- 除法运算符 "/"：双目运算符，具有左结合性。参与运算量均为整型时，结果也为整型，舍去小数。如果运算量中有一个是实型，则结果为双精度实型。

【例 2-19】除法实例。

```
#import <Foundation/Foundation.h>

int main (int argc, const char * argv[])
{
        @autoreleasepool{
        NSLog (@"%i,%i",20/7,-20/7) ;
        NSLog (@"%f,%f",20.0/7,-20.0/7) ;


        }
        return 0;
}
```

【程序结果】

```
2,-2
2.857143,-2.857143
```

本例中，20/7、-20/7 的结果均为整型，小数全部舍去。而 20.0/7 和-20.0/7 由于有实数参与运算，因此结果也为实型。

- 求余运算符（模运算符）"%"：双目运算符，具有左结合性。要求参与运算的量均为整型。求余运算的结果等于两数相除后的余数。

【例 2-20】100%3 实例。

```
#import <Foundation/Foundation.h>

int main (int argc, const char * argv[])
{
        @autoreleasepool{
        NSLog (@"%i",100%3) ;
        }
        return 0;
}
```

【程序结果】

```
1
```

【例2-21】求余实例。

```
#import <Foundation/Foundation.h>

int main (int argc, const char * argv[])
{
    @autoreleasepool{
    int a=25,b=5,c=10,d=7;

    NSLog (@"a%%b=%i",a%b) ;
    NSLog (@"a%%c=%i",a%c) ;
    NSLog (@"a%%d=%i",a%d) ;
    NSLog (@"a/d*d+a%%d=%i",a/d*d+a%d) ;
    }
    return 0;
}
```

【程序结果】

```
a%b=0
a%c=5
a%d=4
a/d*d+a%d=25
```

2.3.4 算术表达式

算术表达式是用算术运算符和括号将运算对象（也称操作数）连接起来的式子，以下是算术表达式的例子：

```
a+b
(a*2) /c
(x+r) *8- (a+b) /7
++I
sin (x) +sin (y)
(++i) - (j++) + (k--)
```

【例2-22】加减乘除的算术表达式实例1。

```
#import <Foundation/Foundation.h>

int main (int argc, const char * argv[])
{
```

```
      @autoreleasepool{
      int a=100;
      int b=2;
      int c=25;
      int d=4;
      int result;

      result=a-b;
      NSLog (@"a-b=%i",result) ;

      result=b*c;
      NSLog (@"b*c=%i",result) ;

      result=a/c;
      NSLog (@"a/c=%i",result) ;

      result=a+b*c;
      NSLog (@"a+b*c=%i",result) ;

      NSLog (@"a*b+c*d=%i",a*b+c*d) ;
      }
      return 0;
}
```

【程序结果】

```
a-b=98
b*c=50
a/c=4
a+b*c=150
a*b+c*d=300
```

乘法的优先级比加法的优先级高，所以程序在执行过程中先执行乘法，再执行加法，所以 a+b*c=150、a*b+c*d=300。

【例2-23】加减乘除的算术表达式实例2。

```
#import <Foundation/Foundation.h>

int main (int argc, const char * argv[])
{
      @autoreleasepool{
      int a=25;
      int b=2;
      float c=25.0;
      float d=2.0;
```

```
    NSLog (@"6+a/5*b=%i",6+a/5*b) ;
    NSLog (@"a/b*b=%i",a/b*b) ;
    NSLog (@"c/d*d=%f",c/d*d) ;
    NSLog (@"-a=%i",-a) ;
    }
    return 0;
}
```

【运行结果】

```
6+a/5*b=16
a/b*b=24
c/d*d=25.000000
-a=-25
```

根据优先级表，乘法比加法的优先级高，并且结合的方向是从左到右的顺序，所以按照此规则，6+a/5*b 先执行除法，然后执行乘法，最后执行加法。最终的结果为 16，其他三个表达式也是使用同样的方法来运算。

2.3.5　强制类型转换运算符

强制类型转换的一般形式为：

（类型说明符）（表达式）

其功能是把表达式的运算结果强制转换成类型说明符所表示的类型。

例如：

```
(float) a        把 a 转换为实型
(int) (x+y) 把 x+y 的结果转换为整型
```

【例2-24】强制类型转换。

```
#import <Foundation/Foundation.h>

int main (int argc, const char * argv[])
{
    @autoreleasepool{
    float f1=123.125,f2;
    int i1,i2=-150;

    i1=f1;
    NSLog (@"%f 转换为整型为%i",f1,i1) ;

    f1=i2;
```

```
NSLog (@"%i 转换为浮点形为%f",i2,f1) ;

f1=i2/100;
NSLog (@"%i 除以 100 为 %f",i2,f1) ;

f2=i2/100.0;
NSLog (@"%i 除以 100.0 为 %f",i2,f2) ;

f2= (float) i2/100;
NSLog (@"%i 除以 100 转换为浮点形为%f",i2,f2) ;

}
return 0;
}
```

【程序结果】

```
123.125000 转换为整型为 123
-150 转换为浮点形为-150.000000
-150 除以 100 为 -1.000000
-150 除以 100.0 为 -1.500000
-150 除以 100 转换为浮点形为-1.500000
```

2.3.6 自增、自减运算符

自增 1 运算符记为"++"，其作用是使变量的值自增 1。自减 1 运算符记为"--"，其作用是使变量值自减 1。自增 1、自减 1 运算符均为单目运算符，都具有右结合性。可以有以下几种形式：

```
++I        i 自增 1 后再参与其他运算。
--I        i 自减 1 后再参与其他运算。
i++        i 参与运算后，i 的值再自增 1。
i--        i 参与运算后，i 的值再自减 1。
```

在理解和使用上容易出错的是 i++和 i--。特别是当它们用在较复杂的表达式或语句中时，常常难于弄清，因此应仔细分析。

【例 2-25】自增和自减实例。

```
#import <Foundation/Foundation.h>

int main (int argc, const char * argv[]) {
    @autoreleasepool{
    int i=8;
    NSLog (@"i is %i",i) ;
    NSLog (@"++i is%i",++i) ;
```

```
    NSLog (@"i is %i",i) ;
    NSLog (@"--i is %i",--i) ;

    NSLog (@"i is %i",i) ;
    NSLog (@"i++ is %i",i++) ;

    NSLog (@"i is %i",i) ;
    NSLog (@"i-- is %i",i--) ;

    NSLog (@"i is %i",i) ;
    NSLog (@"-i++ is %i",-i++) ;

    NSLog (@"i is %i",i) ;
    NSLog (@"-i-- is %i",-i--) ;
    NSLog (@"i is %i",i) ;

    }
    return 0;
}
```

【程序结果】

```
i is 8
++i is9
i is 9
--i is 8
i is 8
i++ is 8
i is 9
i-- is 9
i is 8
-i++ is -8
i is 9
-i-- is -9
i is 8
```

下面我们来解释一下这个程序。首先在对 i 进行操作之前打印出了 i 的值，这时候的 i 还是刚刚定义时的值 8，随后执行了这样一条语句：

```
NSLog (@"%i",++i) ;
```

根据本节前面的理论知识，"++i" 是 i 自增 1 后再参与其他运算，于是把 i 自增后的值打印到了控制台上，得到了结果 9。然后再次将 i 打印到了控制台上，发现 i 的值确实已经发生了改变。

```
i is 9
```

接下来执行了这样一条语句：

```
NSLog (@"%i",--i) ;
```

这时候的 i 自减 1 然后打印到控制台上，控制台显示为 8，同时将 i 的值也打印到控制台上，发现也是 8，具体的原因请读者参照"++i"自己分析，笔者就不再进行阐述了。

下面执行这条语句：

```
NSLog (@"%i",i++) ;
```

我们发现 i++的值居然是 8，但是在这条语句后面的语句：

```
NSLog (@"i is %i",i) ;
```

的结果竟然是 9，这是因为"i++"代表的意思是 i 参与运算后，i 的值再自增 1。也就是说我们先将 i 的值打印到控制台上，然后再执行了为 i 加 1 的运算，所以这时候打印 i 的值就是 9。"i--"的操作与此类似，这里不再说明。

```
NSLog (@"i is %i",i) ;
NSLog (@"%i",-i++) ;
```

在执行"-i++"操作之前，我们可以看出 i 的结果是 8，由于"-"号（负号运算符）的优先级高于"++"运算符，所以我们将-8 的结果打印到控制台上，然后再执行"++"操作，这时候的 i 就变成了 9（并非是-7，因为此时的 i 一直是 8）。关于"-i--"笔者也不再说明，其运算类似"-i++"，请读者自己分析。

2.3.7　位运算符

内存储存数据的基本单位是字节（Byte），一个字节由 8 个位（bit）所组成。位是用以描述电脑数据量的最小单位。二进制系统中，每个 0 或 1 就是一个位。位运算是指按二进制进行的运算。Objective-C 的位运算是直接对整型数据的位进行操作，这些整数类型包括有符号或没有符号的 char、short、int 和 long 类型。Objective-C 语言的位运算符为：与、或、异或、取反、左移和右移。具体说明如下：

- &: 按位与，如果两个相应的二进制位都为 1，则该位的结果值为 1，否则为 0。
- |: 按位或，两个相应的二进制位中只要有一个为 1，该位的结果值为 1。
- ^: 按位异或，若参加运算的两个二进制位值相同则为 0，否则为 1。
- ~: 取反，~是一元运算符，用来对一个二进制数按位取反，即将 0 变 1，将 1 变 0。
- <<: 左移，用来将一个数的各二进制位全部左移 N 位，右补 0。
- >>: 右移，将一个数的各二进制位右移 N 位，移到右端的低位被舍弃，对于无符号数，高位补 0。

1．按位与运算符（&）

按位与是指参加运算的两个数据，按二进制位进行与运算。如果两个相应的二进制位都为 1，则该位的结果值为 1，否则为 0。这里的 1 可以理解为逻辑中的 true，0 可以理解为逻辑中的 false。按位与其实同逻辑上的与运算规则一致。逻辑上的与，要求运算数全真，结果才为真。若 A=true、B=true，则 A∩B=true，比如 3&5。3 的二进制编码是 11（2），注意，本节为了区分十进制和其他进制，规定凡是非十进制的数据均在数据后面加上括号，括号中注明其进制，二进制则标记为 2。将 11（2）补足成一个字节，则是 00000011（2）。5 的二进制编码是 101（2），将其补足成一个字节，则是 00000101（2）。它们的按位与运算如下：

```
00000011 (2)
00000101 (2) &
00000001 (2)
```

由此可知 3&5=1

按位与的用途包括清零、取一个数的指定位和保留指定位。

（1）清零

对一个存储单元清零。比如，为了使其全部二进制位为 0，只要找一个二进制数，其中各个位符合下述条件：原来的数中为 1 的位，新数中相应位为 0。然后使二者进行&运算，即可达到清零目的。比如，原数为 43，即 00101011（2）。另找一个数，设它为 148，即 10010100（2），将两者按位与运算：

```
00101011 (2)
10010100 (2) &
00000000 (2)
```

（2）取一个数中某些指定位

若有一个整数 a（2 个字节），想要取其中的低字节，那么只需要将 a 与 8 个 1 按位与即可。

```
a 00101100 10101100
b 00000000 11111111 &
c 00000000 10101100
```

（3）保留指定位

与一个数进行按位与运算，此数在该位取 1。比如，有一数 84，即 01010100（2），想把其中从左边算起的第 3、4、5、7、8 位保留下来，运算如下：

```
a 01010100 (2)
b 00111011 (2) &
c 00010000 (2)
```

即 a=84、b=59、c=a&b=16。

2．按位或运算符（|）

两个相应的二进制位中只要有一个为 1，该位的结果值为 1。借用逻辑学中或运算的话来说，一真为真。比如，60（8）|17（8）。这是将八进制 60 与八进制 17 进行按位或运算：

```
00110000
00001111 |
00111111
```

按位或运算常用来对一个数据的某些位定值为 1。比如，如果你想使一个数 a 的低 4 位改为 1，则只需要将 a 与 17（8）进行按位或运算即可。

3．按位异或运算符（∧）

参与运算的两个值，如果两个相应位相同，则结果为 0，否则为 1，即：0^0=0、1^0=1、0^1=1、1^1=0 。你可以使用∧交换两个值，而不用临时变量。比如：a ＝3，即 11（2）；b ＝4，即 100（2）。可以用以下赋值语句实现 a 和 b 的值互换：

```
a ＝a∧b;
b ＝b∧a;
a ＝a∧b;
```

针对上面的数值，运算过程为：

```
a ＝011 (2)
b ＝100 (2) (∧)
a ＝111 (2) (a∧b 的结果，a 已变成 7)
b ＝100 (2) (∧)
b ＝011 (2) (b∧a 的结果，b 已变成 3)
a ＝111 (2) (∧)
a ＝100 (2) (a∧b 的结果，a 已变成 4)
```

4．取反运算符（~）

取反运算符是一元运算符，用于求整数的二进制反码，即分别将操作数各二进制位上的 1 变为 0、0 变为 1。

【例 2-26】取反运算符实例。

```
#import <Foundation/Foundation.h>

int main (int argc, const char * argv[])
{
    @autoreleasepool{
    unsigned int w1=0x0000000f,w2=0x00000000;
```

```
    NSLog (@"%x", w1 & w2) ;
    NSLog (@"%x", w1 | w2) ;
    NSLog (@"%x", w1 ^ w2) ;
    NSLog (@"%x", ~w1) ;

    }
    return 0;
}
```

【程序结果】

```
0
f
f
fffffff0
```

首先我们定义了两个十六进制的无符号整数 w1 和 w2，然后将依次对这两个数进行按位与（&），按位或（|），按位异或（^）操作。

首先 w1 的值是 0x0000000f，换算成二进制的代码形式也就是 1111（省略了前面 28 个 0），w2 的值是 0。我们将两个数先按位与操作。根据按位与操作规则：如果两个相应的二进制位都为 1，则该位的结果值为 1，否则为 0。不难得知，w1 和 w2 没有相应的二进制位都为 1 的情况，所以结果为 0。然后进行按位或的操作，按位或的操作就是将两个相应的二进制位中只要有一个为 1，该位的结果值为 1。很显然只有 w1 的最后四位为 1，所以最终的结果是 f（十六进制表达形式）。接着进行按位异或操作，按位异或操作是指参与运算的两个值，如果两个相应位相同，则结果为 0，否则为 1。w1 和 w2 只有后四位不同，所以后四位为 1，这样的结果依然为二进制下的 1111，所以最终的结果是十六进制下的 f。

最后，对 w1 进行了按位取反的操作（~），也就是分别将操作数各二进制位上的 1 变为 0，0 变为 1。这样就会把 w1 二进制下的前 28 位变为 1，后四位变成 0，转换成十六进制的形式就是 fffffff0。

如果读者不太了解进制变换的相关规则，请参考相关书籍，本书不做过多的讨论。

5．左移运算符（<<）

左移运算符是用来将一个数的各二进制位左移若干位，移动的位数由右操作数指定（右操作数必须是非负值），其右边空出的位用 0 填补，高位左移溢出则舍弃该高位。

比如，将 a 的二进制数左移 2 位，右边空出的位补 0，左边溢出的位舍弃。若 a=15，即 00001111（2），左移 2 位得 00111100（2）。

【例 2-27】左移运算实例。

```
#import <Foundation/Foundation.h>
```

```
int main (int argc, const char * argv[])
{
    @autoreleasepool{
    int a=15;
    NSLog (@"%i",a<<2) ;


    }
    return 0;
}
```

【程序结果】

60

左移 1 位相当于该数乘以 2，左移 2 位相当于该数乘以 2*2=4，15<<2=60，即乘了 4。但此结论只适用于该数左移时被溢出舍弃的高位中不包含 1 的情况。假设以一个字节（8 位）存一个整数。若 a 为无符号整型变量，则 a =64 时，左移一位时溢出的是 0，而左移 2 位时，溢出的高位中包含 1。

6．右移运算符（>>）

右移运算符是用来将一个数的各二进制位右移若干位，移动的位数由右操作数指定（右操作数必须是非负值），移到右端的低位被舍弃，对于无符号数，高位补 0。对于有符号数，如果原来符号位为 0（该数为正），则左边也是移入 0；如果符号位原来为 1（即负数），则左边是移入 0 还是 1，要取决于所用的计算机系统。有的系统移入 0，有的系统移入 1。移入 0 的称为"逻辑移位"，即简单移位，移入 1 的称为"算术移位"。

比如 a 的值是八进制数 113755：

```
a:1001011111101101（用二进制形式表示）
a>>1: 0100101111110110（逻辑右移时）
a>>1: 1100101111110110（算术右移时）
```

在有些系统中，a>>1 得八进制数 045766，而在另一些系统上可能得到的是 145766。Objective-C 采用的是算术右移，即对有符号数右移时，如果符号位原来为 1，左面移入高位的是 1。

【例2-28】右移运算符实例。

```
#import <Foundation/Foundation.h>

int main (int argc, const char * argv[])
{
    @autoreleasepool{
    int a=0113755;
    NSLog (@"%i",a>>2) ;
```

```
    }
    return 0;
}
```

【程序结果】

```
9273
```

2.3.8 赋值运算符

赋值运算符为"="，由"="连接的式子称为赋值表达式，其一般形式为：

```
变量=表达式
```

赋值表达式的功能是计算表达式的值，再赋予左边的变量，赋值运算符具有右结合性。比如：

```
x=a+b
w=sin (a) +sin (b)
y=i+++--j
```

因此，"a=b=c=5"可理解为"a=（b=（c=5））"。

在其他语言中，赋值构成了一个语句，称为赋值语句。而在 Objective-C 中，把"="定义为运算符，从而组成赋值表达式。凡是表达式可以出现的地方均可出现赋值表达式。例如：

```
x= (a=5) + (b=8)
```

这是合法的。它的意义是把 5 赋予 a，8 赋予 b，再把 a 和 b 相加，并赋予 x，故 x 应等于 13。

在 Objective-C 语言中，你也可以组成赋值语句：任何表达式在其未尾加上分号就构成为语句。因此，"x=8;a=b=c=5；"都是赋值语句，在前面的实例中我们已大量使用过了。

如果赋值运算符两边的数据类型不相同，系统将自动进行类型转换，即把赋值号右边的类型换成左边的类型。具体规定如下：

①实型赋予整型，舍去小数部分。前面的例子已经说明了这种情况。

②整型赋予实型，数值不变，但将以浮点形式存放，即增加小数部分（小数部分的值为0）。

③字符型赋予整型，由于字符型为一个字节，而整型为二个字节，故将字符的 ASCII 码值放到整型量的低八位中，高八位为 0。整型赋予字符型，只把低八位赋予字符量。

【例2-29】类型转换实例。

```
#import <Foundation/Foundation.h>
int main (int argc, const char * argv[])
{
        @autoreleasepool{
        int a,b=322;
        float x,y=8.88;
        char c1='k',c2;
        a=y;
        x=b;
        a=c1;
        c2=b;
        NSLog (@"%i,%f,%i,%c",a,x,a,c2);
        }
        return 0;
}
```

【程序结果】

```
107,322.000000,107,B
```

上例表明了赋值运算中类型转换的规则。a 为整型，赋予实型量 y 值 8.88 后只取整数 8。x 为实型，赋予整型量 b 值 322，后面增加了小数部分。字符型量 c1 赋予 a 变为整型，整型量 b 赋予 c2 后取其低八位成为字符型（b 的低八位为 01000010，即十进制 66，按 ASCII 码对应于字符 B）。

在赋值符"="之前加上其他二目运算符可构成复合赋值符。比如+=、-=、*=、/=、%=、<<=、>>=、&=、^=、|=。构成复合赋值表达式的一般形式为：

变量双目运算符=表达式

它等效于

变量=变量运算符表达式

例如：

```
a+=5        等价于 a=a+5
x*=y+7      等价于 x=x* (y+7)
r%=p        等价于 r=r%p
```

复合赋值符这种写法，对初学者可能不习惯，但十分有利于编译处理，能提高编译效率并产生质量较高的目标代码。

2.3.9 关系运算符

关系运算符用于比较运算，包括大于（>）、小于（<）、等于（==）、大于等于（>=）、小于等于（<=）和不等于（!=）六种，而关系运算符的结果是 BOOL 类型的数值。当运算符成立时，结果为 YES（1），当不成立时，结果为 NO（0）。

【例2-30】关系运算符实例。

```
#import <Foundation/Foundation.h>

int main (int argc, const char * argv[]) {
    @autoreleasepool{
    NSLog (@"%i",3>5) ;
    NSLog (@"%i",3<5) ;
    NSLog (@"%i",3!=5) ;
    }
    return 0;
}
```

【程序结果】

```
0
1
1
```

根据程序中的判断我们得知，3>5 是不成立的，所以结果是 0；3<5 是成立的，所以结果是 1；3!=5 的结果也同样成立，所以结果为 1。

2.3.10 布尔逻辑运算符

逻辑运算符包括&&（逻辑与）、||（逻辑或）和!（逻辑非）。逻辑运算符用于对包含关系运算符的表达式进行合并或取非。对于使用逻辑运算符的表达式，返回 0 表示"假"，返回 1 表示"真"。要提醒读者的是，任何使用两个字符做符号的运算符，两字符之间不应有空格，即将==写成= =是错误的。

假设一个程序在同时满足条件 a<10 和 b==7 时，必须执行某些操作。应使用关系运算符和逻辑运算符&&来写这个条件的代码：

```
(a<10) && (b==7) ;
```

类似地，"或"是用于检查两个条件中是否有一个为真的运算符。它由两个连续的管道符号（||）表示。如果上例改为：如果任一表达式为真，则程序需执行某些操作，则条件代码如下：

```
(a<10) || (b==7);
```

第三个逻辑运算符"非"用一个感叹号（!）表示。这个运算符对表达式的值取反。我们可以总结为：&&的结果是"只有真真为真"，||的结果是"只有假假为假"。

【例2-31】逻辑运算符实例。

```
#import <Foundation/Foundation.h>

int main (int argc, const char * argv[]) {
    @autoreleasepool{
      int b=7;
      if ( (b<10) && (b=7) ) {
            NSLog (@"%i",b) ;
      }

      }
    return 0;
}
```

【程序结果】

```
7
```

程序中的判断表达的意思是，当 b<10 并且 b=7 的时候，就执行 if 下面的语句。我们将 b 的值带入表达式，发现这两个判断都成立，所以 b 的值打印到了控制台上。

第 3 章

程序控制语句

从本章节可以学习到：

- ❖ 条件语句
- ❖ 循环语句
- ❖ 跳转语句

在前面两章，我们讲述了程序中用到的一些基本要素，比如变量、运算符、表达式等。这些基本要素就组成了语句。Objective-C 有各类语句，如赋值语句。在本章，我们主要讲述控制语句，它包括如下三种语句。

- 条件语句：当某一个条件为真时，执行一些语句。条件语句帮助程序实现分支选择。
- 循环语句：在一定范围内反复执行某些语句。
- 跳转语句：允许程序从某一个循环中跳出，也允许从程序中跳出。

3.1 条件语句

在 Objective-C 程序中，经常需要根据某些条件作出判断，从而执行不同的程序代码。本章讲解用于条件判断的 2 个条件语句：

- if 语句
- switch 语句

条件语句中的条件表达式由上一章中讲述的关系表达式和逻辑表达式组成：

- 6 种关系符所组成的表达式，即由大于（>）、小于（<）、等于（==）、大于等于（>=）、小于等于（<=）和不等于（!=）六种组成的关系表达式。
- 3 种逻辑运算符组成的逻辑表达式，即&&（逻辑与）、||（逻辑或）和!（逻辑非）。

3.1.1 if 语句

用 if 语句可以构成分支结构。它根据给定的条件进行判断，以决定执行某个分支程序段。Objective-C 语言的 if 语句有三种基本形式。

1. 第一种形式为：if 语句

```
if(表达式) 语句
```

其语义是，如果表达式的值为真，则执行其后的语句，否则不执行该语句，其执行过程如图 3-1 所示。

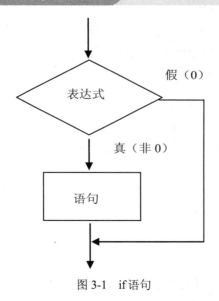

图3-1 if语句

【例3-1】如果一个数字小于10，则打印出来。

```
#import<Foundation/Foundation.h>

int main (int argc, const char * argv[]) {
    @autoreleasepool{
    int n=9;
    if (n<10) {
            NSLog(@"%i", n);
    }



    }
    return 0;
}
```

【程序结果】

```
9
```

2. 第二种形式为：if-else 语句

```
if(表达式)
语句1;
else
语句2;
```

其语义是，如果表达式的值为真，则执行语句 1，否则执行语句 2，其执行过程如图 3-2
所示。

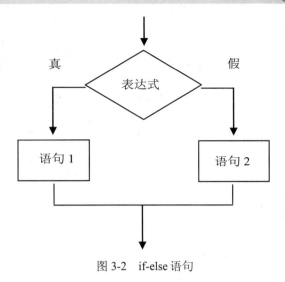

图 3-2　if-else 语句

【例 3-2】if-else 实例。

```
#import<Foundation/Foundation.h>

int main (int argc, const char * argv[]) {
@autoreleasepool{
    int n=11;

    if (n<10) {
        NSLog(@"我小于10");
    }else {
        NSLog(@"我大于等于10");
    }



    }
    return 0;
}
```

【程序结果】

我大于等于10

当程序执行到 if 语句的时候，会将 n 的值带入表达式，发现 11<10 返回的是 NO，于是执行了 else 语句块中的语句。

3. 第三种形式为：if-else-if 语句

前二种形式的 if 语句一般都用于两个分支的情况。当有多个分支选择时，可采用 if-else-if 语句，其一般形式为：

```
if(表达式 1)
语句 1;
else  if(表达式 2)
语句 2;
else  if(表达式 3)
语句 3;
…
else  if(表达式 m)
语句 m;
else
语句 n;
```

其语义是，依次判断表达式的值，当出现某个值为真时，则执行其对应的语句。然后跳到整个 if 语句之外继续执行程序。如果所有的表达式均为假，则执行语句 n。然后继续执行后续程序。

【例 3-3】if-else-if 实例。

```
#import<Foundation/Foundation.h>

int main (int argc, const char * argv[]) {
    @autoreleasepool{
        int n=49;

        if (n<10) {
                NSLog(@"我小于 10");
        }else if (n<20) {
                NSLog(@"我大于等于 10 小于 20");
        }else if (n<30) {
                NSLog(@"我大于等于 20 小于 30");
        }else if (n<40) {
                NSLog(@"我大于等于 30 小于 40");
        }else if (n<50) {
                NSLog(@"我大于等于 40 小于 50");
        }else {
                NSLog(@"我大于等于 50");
        }

    }
    return 0;
}
```

【程序结果】

我大于等于 40 小于 50

程序运行到第一个 if 语句的时候发现 49<10 并不成立，返回值为 NO，于是继续向下运

行，直到运行到 49<50 的时候，发现表达式成立，于是在控制台上打印语句，并且退出了整个 if 语句。

在使用 if 语句中还应注意以下问题。

①在三种形式的 if 语句中，if 关键字之后均为表达式。该表达式通常是逻辑表达式或关系表达式，但也可以是其他表达式，如赋值表达式等，甚至也可以是一个变量。例如：

```
if(a=5) 语句;
if(b) 语句;
```

都是允许的。只要表达式的值为非 0，即为"真"。如在下面语句中：

```
if(a=5)…;
```

它的表达式的值永远为非 0，所以其后的语句总是要执行的，当然这种情况在程序中不一定会出现，但在语法上是合法的。

②在 if 语句中，条件判断表达式必须用括号括起来，在语句之后必须加分号。

③在 if 语句的三种形式中，所有的语句应为单个语句，如果要想在满足条件时执行一组（多个）语句，则必须把这一组语句用{}括起来组成一个复合语句，但要注意，在}之后不能再加分号。例如：

```
if(a>b){
        a++;
        b++;
}
else{
        a=0;
        b=10;
}
```

3.1.2 if 语句的嵌套

当 if 语句中的执行语句又包括 if 语句时，则构成了 if 语句的嵌套，其一般形式可表示如下：

```
if(表达式)
    if 语句;
```

或者为

```
if(表达式)
    if 语句;
else
    if 语句;
```

在嵌套内的 if 语句可能又是 if-else 型的，这将会出现多个 if 和多个 else 重叠的情况，这时要特别注意 if 和 else 的配对问题。例如：

```
if(表达式 1)
if(表达式 2)
语句 1;
else
    语句 2;
```

其中的 else 究竟是与哪一个 if 配对呢？应该理解为：

```
if(表达式 1)
  if(表达式 2)
语句 1;
else
语句 2;
```

还是应该理解为：

```
 if(表达式 1)
    if(表达式 2)
语句 1;
    else
      语句 2;
```

为了避免这种二义性，Objective-C 规定了，else 总是与它前面最近的 if 配对，因此对上述例子应按前一种情况理解。下面我们来看一个具体的例子。

```objectivec
#import<Foundation/Foundation.h>

int main (int argc, const char * argv[])
{
    @autoreleasepool{
    int i = 3;
    int j = 4;

    if (i == 3) {
        if (j == 4) {
            NSLog(@"i is 3 and j is 4");
        } else {
            NSLog(@"i is 3 and j is not 4");
        }
    } else {
        NSLog(@"i is not 3");
    }
```

```
    }
    return 0;
}
```

【程序结果】

```
i is 3 and j is 4
```

当程序执行到 if 语句的时，进行第一次判断，判断 i 的值是不是等于 3。根据定义，发现 i 的值确实是 3，所以程序指向到里面的 if 语句中。里面的 if 语句判断的是 j 的值是不是 4。根据定义，j 的值也是 4，所以程序会运行内嵌 if 下方包含的代码段，即将"i is 3 and j is 4"打印到控制台上，并且退出整个 if 判断，然后正常结束程序。

假设程序在第一次 if 判断发现条件不符合，也就是说 i 不等于 3，就会执行最下方的 else 语句，打印"i is not 3"到控制台上，然后结束程序。

假设遇到 i 等于 3 但是 j 不等于 4 的情况，程序会执行内嵌 if 语句中的 else 语句段内容，将"i is 3 and j is not 4"这句话打印到控制台上。

3.1.3 switch 语句

在开发程序时，上一节介绍的 if 语句嵌套的条件选择非常常见。所以，Objective-C 语言还提供了另一种用于多分支选择的 switch 语句，其一般形式为：

```
switch(表达式)
{
    case 常量或常量表达式1:
            语句1;
            break;
    case 常量或常量表达式2:
            语句2;
            break;
…
    case 常量或常量表达式n:
            语句n;
            break;
default:
语句n+1;
    }
```

其语义是，计算表达式的值，并逐个与其后的常量或常量表达式值相比较，当 switch 上的表达式的值与某个 case 下的常量或常量表达式的值相等时，即执行其后的语句。如 switch 表达式的值与所有 case 后的常量表达式均不相同时，则执行 default 后的语句。还有一点要注意的是，如果你忘了写 break 语句的话，当 switch 表达式的值与某个 case 常量表达式的值相等时，系统执行所有 case 后的语句（直到碰到下一个 break）。

【例3-4】switch 实例。

```
#import<Foundation/Foundation.h>

int main (int argc, const char * argv[]) {
    @autoreleasepool{
    int i=4;

    switch (i) {
        case 1:
            NSLog(@"我是1");
            break;
        case 2:
            NSLog(@"我是2");
            break;
        case 3:
            NSLog(@"我是3");
            break;
        default:
            NSLog(@"我不是1, 2, 3");
            break;
    }

    }
    return 0;
}
```

【程序结果】

```
我不是1, 2, 3
```

当程序执行到 switch 语句的时候，发现 i 的值是 4，于是将其和每个 case 后面的数字进行比较。首先判断 i 是否等于 1，发现不等于的时候跳到后面的 case 语句。再次进行类似的比较，直到比较结束，发现都不符合条件，于是执行 default 中的语句，将"我不是 1，2，3"打印到控制台上，然后通过 break 语句结束整个 switch 语句。

在使用 switch 语句时，还应注意以下几点。

①在 case 后的各常量表达式的值不能相同，否则会出现错误。

②在 case 后，允许有多个语句，可以不用{}括起来，比如：

```
switch ( operator )
{
    ...
    case 'A':
    case 'B':
```

```
        NSLog(@"A 或者 B");
        break;
    ...
}
```

③default 子句可以省略不用。

④switch 语句不同于 if 语句的是，switch 语句仅能测试相等的情况，而 if 语句可计算任何类型的布尔表达式。也就是说，switch 语句只能寻找 case 常量间某个值与表达式的值相匹配。

⑤switch 语句通常比一系列嵌套 if 语句更有效。

⑥break 语句是可选的。如果你省略了 break 语句，程序将继续执行下一个 case 语句。

3.1.4　三目条件运算符

如果只执行单个的分支赋值语句时，常可使用条件表达式来实现。这可以使程序简洁，也提高了运行效率。条件运算符为 "?" 和 "："，它是一个三目运算符（即有三个参与运算的量）。由三目条件运算符组成的条件表达式的一般形式为：

表达式 1?　表达式 2：表达式 3

其求值规则为：如果表达式 1 的值为真，则以表达式 2 的值作为条件表达式的值，否则以表达式 2 的值作为整个条件表达式的值。

条件表达式通常用于赋值语句之中，比如条件语句：

```
if(a>b)
        max=a;
else
        max=b;
```

可用条件表达式写为

```
max=(a>b)?a:b;
```

执行该语句的语义是：如 a>b 为真，则把 a 赋予 max，否则把 b 赋予 max。

使用条件表达式时，读者还应注意以下几点。

①条件运算符的运算优先级低于关系运算符和算术运算符，但高于赋值符。因此

```
max=(a>b)?a:b;
```

可以去掉括号而写为

```
max=a>b?a:b;
```

②条件运算符?和：是一对运算符，不能分开单独使用。

③条件运算符的结合方向是自右至左。例如：

```
a>b?a:c>d?c:d
```

应理解为

```
a>b?a:(c>d?c:d)
```

这也就是条件表达式嵌套的情形，即其中的表达式3也是一个条件表达式。

【例3-5】三目运算符实例。

```
#import<Foundation/Foundation.h>

int main (int argc, const char * argv[]) {
    @autoreleasepool{
    int i=1;
    int j=2;
    int k;
    k = (i>j)?i:j;

    NSLog(@"%i", k);

    }
    return 0;
}
```

【程序结果】

```
2
```

当程序执行到三目运算符的时候，将i和j的值进行比较，发现1>2这个表达式不成立，于是执行了k=j的操作，并将k的值（2）打印到控制台。

3.1.5　布尔表达式

一个布尔表达式只有 1（true）和 0（false）两个值。从最基本的层次来说，所有的布尔表达式，不论它的长短如何，其值只能是 0 或 1。最简单的布尔表达式是等式，这种布尔表达式是用来测试一个值是否与另一个值相等，它可以是一个简单的等式，例如：

```
2 == 4
```

上面这个布尔表达式的值是 0，因为 2 和 4 不相等，它也可以是复杂的等式。

【例3-6】相等判断实例。

```
#import<Foundation/Foundation.h>

int main (int argc, const char * argv[]) {
    @autoreleasepool{

      NSLog(@"%i", 5==5);

  }

    return 0;
}.
```

【程序结果】

```
1
```

3.2 循环语句

循环结构是程序中一种很重要的结构，它与上一节讲述的选择结构都是各类复杂程序的基本构造单元。在程序许多地方都需要使用循环结构，比如，求 1-100 之间的总和等。循环结构特点是，在给定条件成立时，反复执行某程序段，直到条件不成立为止。给定的条件称为循环条件，反复执行的程序段称为循环体。Objective-C 语言提供了多种循环语句，可以组成各种不同形式的循环结构：

- while 语句；
- do-while 语句；
- for 语句。

3.2.1 while 语句

while 语句的一般形式为：

```
while(表达式)
语句
```

其中表达式是循环条件，语句为循环体。while 语句的语义是：计算表达式的值，当值为真（非 0）时，执行循环体语句。每次执行完语句后，都要再次计算表达式的值，只要其值为真，就继续执行循环体语句，直到表达式的值是 0 为止，其执行过程如图 3-3 所示。

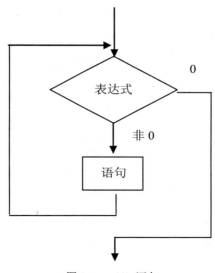

图 3-3　while 语句

我们用以下的例子来演示 while 语句的用法，这个程序实现的结果是从 1 打印到 4。

【例 3-7】while 实例。

```
#import<Foundation/Foundation.h>

int main (int argc, const char * argv[]) {
     @autoreleaspool{
     int count = 1;
     while (count <= 4) {
          NSLog(@"%i", count);
          ++count;
     }
     }
     return 0;
}
```

【程序结果】

```
1
2
3
4
```

程序最初将 count 的值设置为 1，然后开始 while 的循环，因为条件是 count 的值小于或等于 4，所以可以执行后面的语句，将 count 的值打印出来。从输出的结果来看，这个程序执行了 4 次，直到不满足条件时，程序执行结束。

3.2.2　do-while 语句

do-while 语句的一般形式为：

```
do
语句
while(表达式);
```

这个循环与 while 循环的不同在于：它先执行循环中的语句，然后再判断表达式是否为真，如果为真则继续循环；如果为假，则终止循环。因此，do-while 循环至少要执行一次循环语句，其执行过程如图 3-4 所示。

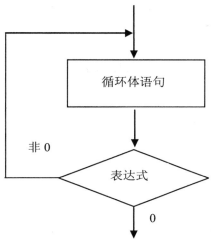

图 3-4　do-while 语句

【例 3-8】do-while 实例。

```
#import<Foundation/Foundation.h>

int main (int argc, const char * argv[]) {
    @autoreleasepool{
    int number, right_dight;

    NSLog(@"输入：");
    scanf("%i", &number);

    do {
        right_dight = number % 10;
        NSLog(@"%i", right_dight);
        number /= 10;
    } while (number != 0);


    }
```

```
    return 0；
}
```

【程序结果】

```
输入：
135
  5
  3
  1
```

首先输入数字 135，然后按下回车键让程序继续运行。程序先执行 do 下面包含的代码块，将 135 除以 10 的余数 5 赋值给 right_dight 并打印出来，然后执行如下语句：

```
number = number/10；
```

将 number/10 的商赋值给 number，这时候 number = 13，然后程序继续执行 while 语句中判断的部分，发现条件符合，所以继续执行 do 下面的代码块，直到 number = 0，循环执行结束。

3.2.3　for 语句

在 Objective-C 语言中，for 语句使用最为灵活，它完全可以取代 while 语句。它的一般形式为：

```
for(表达式 1；表达式 2；表达式 3)　语句
```

它的执行过程分步说明如下。

①先求解表达式 1。

②求解表达式 2，若其值为真（非 0），则执行 for 语句中指定的内嵌语句，然后执行下面第 3 步；若其值为假（0），则结束循环，转到第 5 步。

③求解表达式 3。

④转回上面第 2 步继续执行。

⑤循环结束，执行 for 语句下面的一个语句。

其执行过程如图 3-5 所示。

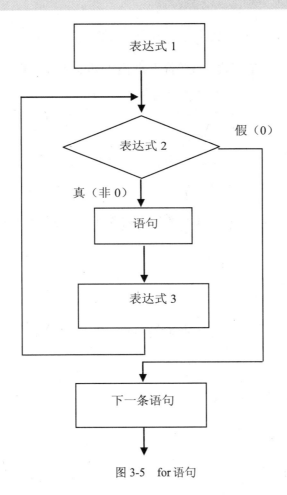

图 3-5 for 语句

for 语句最简单的应用形式，也是最容易理解的形式如下所示。

```
for(循环变量赋初值；循环条件；循环变量增量)
语句
```

循环变量赋初值总是一个赋值语句，它用来给循环控制变量赋初值；循环条件是一个关系表达式，它决定什么时候退出循环；循环变量增量定义了循环控制变量每循环一次后按什么方式变化。这三个部分之间用"；"分开，例如：

```
for(i=1；i<=100；i++)sum=sum+i;
```

先给 i 赋初值 1，判断 i 是否小于等于 100，若 i 小于等于 100，则执行语句。之后 i 值增加 1，再重新判断，直到条件为假（即 i>100 时），才结束循环。上述的 for 语句相当于：

```
i=1;
while(i<=100)
{
        sum=sum+i;
    i++;
```

```
}
```

对于 for 循环中语句的一般形式，就等价于如下的 while 循环形式：

```
表达式1;
while（表达式2）
{
        语句
表达式3;
}
```

我们使用一个例子来打印从 1 到 10 的数字，读者可以将这个例子与 while 的例子进行对比。

【例3-9】for 实例。

```
#import<Foundation/Foundation.h>

int main (int argc, const char * argv[]) {
    @autoreleasepool{
    int n;
    for( n=1; n<=10; ++n){
            NSLog(@"%i", n);
    }

    }
    return 0;
}
```

【程序结果】

```
1
2
3
4
5
6
7
8
9
10
```

程序执行到 for 循环部分的时候，首先执行 for 循环的第一个表达式，将 n 赋值为 1；然后执行 for 循环的第二条语句，判断 n<=10 是否成立，如果不成立则退出 for 循环，若成立则执行下面所包含的语句块，将 n 的值打印到控制台上；然后执行 for 循环的第三个表达式，将 n 的值增加 1；而后继续执行 for 循环的第二个表达式，重复上面的操作，直到 for 循环的

第二个表达式不成立为止。读者可以分析：到当 n 的值为 11 的时候，则不满足第二表达式，在那时退出了 for 循环，所以结果只从 1 打印到 10。

3.2.4 for 循环多变量的处理

在使用 for 循环的时候，开始循环之前可能需要初始化多个变量。另外，在一次循环完成之后，可能需要计算多个表达式。for 循环语句可以实现上述功能。它可以在任何位置包含多个表达式，只需要用逗号将这个表达式分割开来就能正常使用。比如，

```
for( i = 0, j = 0; i < 5; i ++, j ++)
```

这个表达式告诉我们，在 for 循环开始的时候将 i 的值设置为 0，将 j 的值设置为 0。请读者注意他们两个之间是用"，"隔开的，并且在一次循环结束后 i 和 j 的值都会加 1，此时也是用"，"隔开的。具体的用法请参照下面的例子程序。

【例 3-10】逗号的使用实例。

```
#import<Foundation/Foundation.h>

int main (int argc, const char * argv[]) {
@autoreleasepool{
    int i, j;
    for(i=0, j=3; i<10, j<10; i++, j++){
            if (i+j==7) {
                    NSLog(@"i=%i, j=%i", i, j);
                    break;
            }
    }
    }
    return 0;
}
```

【程序结果】

```
i=2, j=5
```

for 循环多变量的处理其实和单变量的处理类似，首先还是执行 for 循环的第一个表达式，将 i 和 j 赋值；然后执行 for 循环的第二个表达式，判断 i 和 j 的值，如果 i 和 j 任何一方不满足条件都会退出循环。接着执行 for 循环下方的语句块，这是一条 if 语句，将 i 和 j 的值相加的结果和 7 做比较。而后执行 for 循环表达式 3，只有当 i=2 和 j=5 的时候才会符合条件，代码中 break 语句的作用是退出整个 for 循环。

3.2.5 嵌套循环

有的时候，一个 for 循环无法满足我们的要求，这时候就需要使用多个 for 循环嵌套进行运算，以达到程序设计者的要求。具体用法如下例所示。

【例3-11】循环嵌套例子。

```
#import<Foundation/Foundation.h>

int main (int argc, const char * argv[]) {
    @autoreleasepool{
    int i, j;
    for(i=1; i<=3; i++){
        NSLog(@"外部 for 循环执行了%i 次", i);
        for(j=1; j<=3; j++){
            NSLog(@"内部 for 循环执行了%i 次", j);
        }
    }
    }
    return 0;
}
```

【程序结果】

```
外部 for 循环执行了 1 次
内部 for 循环执行了 1 次
内部 for 循环执行了 2 次
内部 for 循环执行了 3 次
外部 for 循环执行了 2 次
内部 for 循环执行了 1 次
内部 for 循环执行了 2 次
内部 for 循环执行了 3 次
外部 for 循环执行了 3 次
内部 for 循环执行了 1 次
内部 for 循环执行了 2 次
内部 for 循环执行了 3 次
```

读者可能会发现，每执行一次外部 for 循环，就会执行 3 次内部 for 循环，直到外部 for 循环的条件不满足为止，程序才会退出。

我们来分析一下这个过程，当外部 for 循环执行第一次的时候，执行内部 for 循环第一次；当内部 for 循环第一次执行完毕的时候，发现仍然符合内部 for 循环的条件，于是继续执行内部 for 循环，直到执行了三次内部 for 循环，发现条件已经不再符合，这时候执行外部 for 循环的第二次，这将导致内部 for 循环又执行了三次，然后执行外部 for 循环的第三次，当外部的 for 循环执行到第四次的时候发现条件已经不再符合了，于是整个 for 循环就执行结束了。

3.2.6　几种循环的比较

①三种循环都可以用来处理同一个问题，一般可以互相代替。

②while 和 do-while 循环，循环体中应包括使循环趋于结束的语句。for 语句功能最强。

③用 while 和 do-while 循环时，循环变量初始化的操作应在 while 和 do-while 语句之前完成，而 for 语句可以在表达式中实现循环变量的初始化。

3.3　跳转语句

Objective-C 支持三种跳转语句：break、continue 和 return，这些语句把代码执行跳转到程序的其他地方。下面对每一种语句进行讲解。

3.3.1　break 语句

break 语句通常用在循环语句和 switch 语句中。当 break 用于 switch 中时，可使程序跳出 switch 而执行 switch 以后的语句。当 break 语句用于 do-while、for、while 循环语句中时，可使程序立即终止循环，而执行循环后面的语句。在循环语句中，break 语句通常总是与 if 语句关联在一起，在满足条件时便跳出循环。

在下面的例子中，演示了在 for 循环中使用 break 的程序结果。

【例 3-12】break 实例。

```
#import<Foundation/Foundation.h>

int main (int argc, const char * argv[]) {
    @autorleasepool{
    int n;
    for( n=1; n<=10; ++n){

        if (n == 5) {
            break;
        }
        NSLog(@"%i", n);
    }


    }
    return 0;
```

```
}
```

【程序结果】

```
1
2
3
4
```

当 for 循环执行到 n 的值为 5 的时候，满足了 if 判断语句的条件，于是执行 break 语句，跳出了整个 for 循环，继续执行其他语句（即[pool drain]）。

3.3.2　continue 语句

continue 语句的作用是跳过循环体中剩余的语句而执行下一次循环（即回到循环判断那里）。continue 语句和 break 语句的区别是：continue 语句只结束本次循环，而不是终止整个循环的执行。continuc 语句只用在 for、while、do-while 等循环体中，常与 if 条件语句一起使用，用来加速循环。

下面的例子演示在 for 循环中使用 continue 语句，从程序的输出结果来看，跳过了一次循环（n=5），所以程序结果中没有 5。

【例3-13】continue 实例。

```
#import<Foundation/Foundation.h>

int main (int argc, const char * argv[]) {
    @autoreleasepool{
    int n;
    for( n=1; n<=10; ++n){

        if (n == 5) {
                continue;
        }
        NSLog(@"%i", n);
    }

    }
    return 0;
}
```

【程序结果】

```
1
2
3
```

```
4
6
7
8
9
10
```

在上面程序中，当 n 等于 5 的时候，符合了 if 判断语句的条件，执行了一条 continue 语句，这样就会导致程序跳出了本次循环，继续执行 n=6 的情况，直到程序结束，所以得到上述的程序结果。

3.3.3 return 语句

return 语句用于从一个方法中返回，也就是说，return 语句使程序控制返回到调用它的方法，返回时可附带一个返回值。 return 通常是必要的，因为方法调用的结果通常是通过 return 返回值带出的。有时，你也需要返回一个状态码来表示方法执行的顺利与否（1 和 0 就是最常用的状态码）。除此之外，可以使用 return 语句来提早结束方法的执行，具体的用法如下例所示。

【例 3-14】return 实例。

```
#import<Foundation/Foundation.h>

int main (int argc, const char * argv[]) {
    @autoreleasepool{
    int i, j;
    for(i=0; i<3; i++){
            for(j=0; j<3; j++){
                    NSLog(@"j = %i", j);
                    if (j==2) {
                            return 1;
                    }
                    NSLog(@"for 循环嵌套");

            }
    }
    }
    return 0;
}
```

【程序结果】

```
j = 0
for 循环嵌套
j = 1
```

```
for 循环嵌套
j = 2
```

当程序运行到 j=2 的时候，使用"return 1；"语句退出整个程序。main 方法的后面的"return 0；"语句表示返回值为 0，因为在 main 定义的时候就声明了该方法有返回值，并且是整型的。如果程序顺利执行到这里，执行这条语句也会退出整个程序。

3.4 综合实例

下面我们举一个例子来综合前几章学习的内容。这个例子用于打印出第三个的"水仙花数"，所谓"水仙花数"是指一个三位数，其各位数字立方和等于该数本身。比如，153 是一个"水仙花数"，是因为 $153=1^3+5^3+3^3$。

首先进行程序分析：需要使用 for 循环，循环范围是 100~999，并且需要定义一个初始值为 0 变量。每当发现一个水仙花数的时候，将这个变量自增 1，直到打印出第三个水仙花数。除此之外，还需要将一个三位数的百位、十位、个位数字分离出来，以方便做"水仙花数"的运算。

【例3-15】水仙花数实例。

```
#import<Foundation/Foundation.h>

int main (int argc, const char * argv[]) {
    @autoreleasepool{
    int i, j, k, n;
    int x = 0;

    for(n=100; n<1000; n++){
        i=n/100;                    //分解出这个数的百位
        j=n/10%10;                  //分解出这个数的十位
        k=n%10;                     //分解出这个数的个位
        if(i*100+j*10+k==i*i*i+j*j*j+k*k*k){
            x++;
            if (x == 3) {           //第三个水仙花数
                NSLog(@"第三个水仙花数是：%i", n);
                break;
            }
        }
    }

    }
    return 0;
```

```
}
```

【程序结果】

第三个水仙花数是：371

上面代码定义了五个整型的变量，其中 i、j、k 分别储存的是一个三位数分离出来的百位、十位和个位数字，而 n 则是循环的百位数，它的范围是 100 到 999，这里又定义了 x 并且初始值设置为 0，是用于存储这是第几个水仙花数。

利用一个 for 循环把所有的三位数都做一个循环，使用其中的 if 语句来判断这个数是否为水仙花数，具体的表达式为：

```
i*100+j*10+k==i*i*i+j*j*j+k*k*k
```

若满足这个表达式的三位数一定是一个水仙花数，所以我们让 x 自增 1，并且再做一个判断，若 x 等于 3，就把这个数打印出来，并使用 break 语句将循环结束掉，因为这个程序已经找到了我们想要的结果。

第4章

类

从本章节可以学习到：

❖ 类的通用格式

❖ 声明对象和对象初始化

❖ 变量

❖ @property 和 @synthesize

❖ 多输入参数的方法

❖ 协议（protocol）

❖ 异常处理

❖ 调用 nil 对象的方法

❖ 指针

❖ 线程

❖ Singleton（单例模式）

在前面几章中，我们主要使用 main 方法来学习 Objective-C 的基本语法。本章将要阐述类的几个重要概念。

4.1 类的通用格式

在实际开发的时候，一般以一个项目为单位来管理一个应用系统上的多个类。我们往往将类接口和类实现放在单独的文件中，并不会将它们混在一起。在 Objective-C 中，方法和属性声明的类接口文件命名为.h，而类实现的文件命名为.m。下面我们来创建一个类，步骤如下：

步骤1 在 Xcode 中的创建过程如图 4-1 所示。选择 File 下的 New 菜单中的 File...选项。

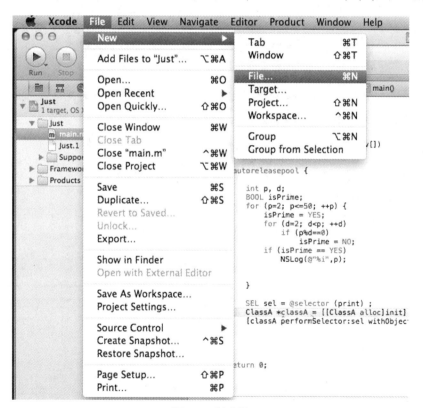

图 4-1 创建类

步骤2 如图 4-2 所示，选择需要的模板，此时是 Objective-C class 模板。最后系统会创建两个同名文件：一个是接口文件（.h），一个是实现文件（.m）。然后单击右下角的 Next 按钮。

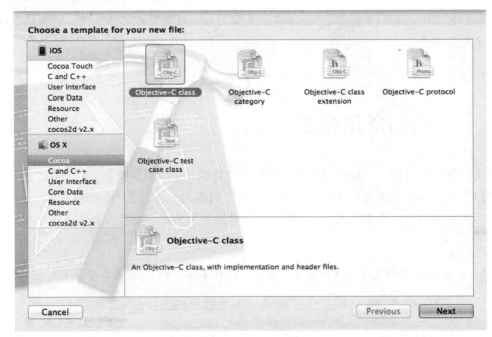

图4-2 选择模板

步骤3 如图 4-3 所示,在 Class 中键入需要创建的类的名字,此时笔者键入的是 Test。然后单击 Next 按钮,选择存储位置然后单击 Create 结束。

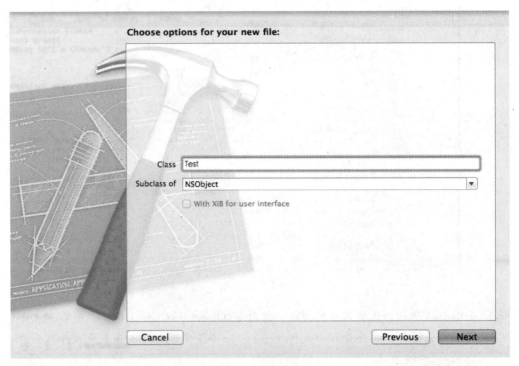

图4-3 给出类名

我们通过 Xcode 创建的类文件就完成了,创建好的文件显示在左侧项目名称目录下,

Xcode 已经帮助初始化了一些代码，如图 4-4 所示。

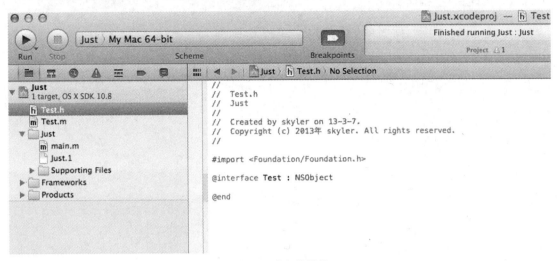

图 4-4 类文件结构

步骤 4 修改这个 Test 类，它继承了 NSObject 类。我们声明了两个整型属性 intX 和 intY，
并且定义了五个方法。它们分别是一个打印方法、属性设置和获取的四个方法。
Test.h 的代码如下所示（参见图 4-5）。

```
#import<Foundation/Foundation.h>


@interface Test : NSObject {
    int intX;
    int intY;
}
-(void) print;
-(void) setIntX:(int)n;
-(void) setIntY:(int)d;
-(int) intX;
-(int) intY;


@end
```

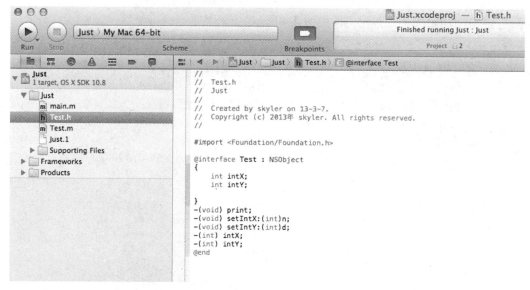

图 4-5　.h 代码

在 Test.m 中，实现了接口中所声明的方法，代码如下所示（参见图 4-6）。

```
#import "Test.h"

@implementation Test
-(void)print{
    NSLog(@"两个数相加的结果为：%i",intX+intY);
}

-(void) setIntX:(int)n{
    intX = n;
}

-(void) setIntY:(int)d{
    intY = d;
}

-(int) intX{
    return intX;
}

-(int) intY{
    return intY;
}

@end
```

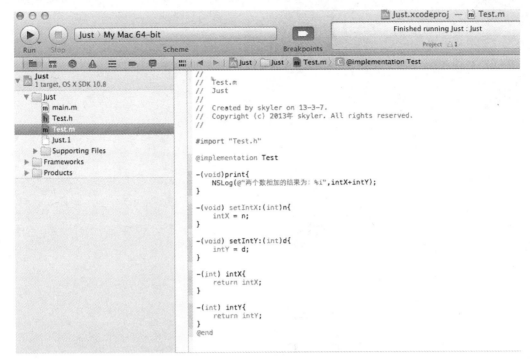

图 4-6 .m 代码

步骤5 最后我们定义了一个测试类 ClassTest，用来测试创建的类是否正常。在这个测试类中，首先创建一个 Test 类的对象，并且初始化，然后调用该对象的 setIntX 方法和 setIntY 方法，为两个属性赋值，接着调用 test 对象的 print 方法，最后是将定义的对象释放。ClassTest.m 的代码如下所示（参见图 4-7）。

```
#import<Foundation/Foundation.h>
#import "Test.h"

int main (int argc, const char * argv[]) {
    @autoreleasepool{

    Test *test = [[Test alloc]init];
    [test setIntX:1];
    [test setIntY:1];
    [test print];

    }
    return 0;
}
```

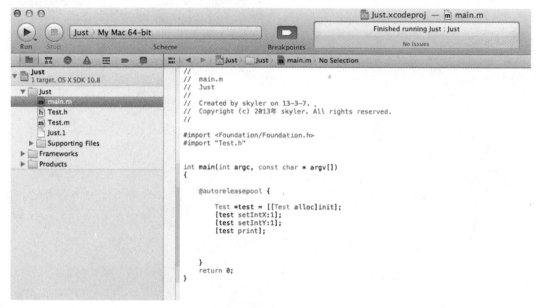

图 4-7　测试类代码

运行程序，结果如下所示（参见图 4-8）。

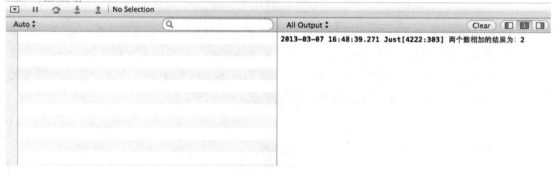

图 4-8　运行结果

【程序结果】

两个数相加的结果为：2

4.2　声明对象和对象初始化

在前面的例子中，使用了这样一句代码：

```
Test *test = [[Test alloc]init];
```

通过这条语句调用的两个方法，我们完成了对一个对象的声明和初始化，其中 alloc 为对象申请了内存空间，init 则完成了对象的初始化。在完成了对象声明和初始化以后，就可以调用对象的方法了。

```
[test setIntX:1];
```

包含很多属性的类通常有多个初始化方法，比如，NSArray 就包含了 6 个初始化方法：

```
initWithArray;
initWithArray:copyItems;
initWithContentsOfFile;
initWithContentsOfURL;
initWithObjects;
initWithObjects:count;
```

我们可以这样初始化一个数组（基于 array2 来创建一个新数组对象）：

```
array1 = [[NSArray alloc] initWithArray:array2];
```

在初始化的时候，一般的情况下都要先调用父类的初始化方法为其初始化：

```
-(Test *) initWith :(int) n:(int) d{
    self = [super init];
    if (self)
    [self setTo:n andSet:d];
    return self;
}
```

【例 4-1】声明了一个初始化的方法的接口（Test2.h）。

```
#import<Foundation/Foundation.h>

@interface Test2 : NSObject {
    int intX;
}
@property int intX;
-(void) print;
-(Test2 *) initWith:(int)n;

@end
```

我们实现了这个初始化方法：先调用父类的初始化方法，它的父类是 NSObject，然后再调用自己的初始化方法，Test2.m 的代码如下所示。

```
#import "Test2.h"

@implementation Test2
@synthesize intX;
```

```
-(void)print{
     NSLog(@"%i",intX);
}

-(Test2 *)initWith:(int)n{
     self = [super init];
     if (self) {
          [self setIntX:n];
     }
     return self;
}

@end
```

在测试类中，创建一个 Test2 的对象，调用自己的初始化方法，并把对象打印出来。TestClass2.m 的代码如下：

```
#import<Foundation/Foundation.h>
#import "Test2.h"

int main (int argc, const char * argv[]) {
     @autoreleasepool{

     Test2 *test2 = [[Test2 alloc]initWith:21];
     [test2 print];
     }
     return 0;
}
```

【程序结果】

21

4.3 变量

Objective-C 语言中的变量，按作用域范围可分为两种，局部变量和全局变量。

4.3.1 局部变量、全局变量和实例变量

局部变量也称为内部变量，局部变量是在方法内部声明的。其作用域仅限于方法内，离开该方法后再使用这种变量是非法的。关于局部变量的作用域还要说明几点：

①main 方法中定义的变量也只能在 main 方法中使用，不能在其他方法中使用。同时，

main 方法中也不能使用其他方法中定义的变量，因为 main 方法也是一个方法，它与其他方法是平行关系。

②允许在不同的方法中使用相同的变量名，它们代表不同的对象，分配不同的内存单元，互不干扰，也不会发生混淆。

③在复合语句中也可定义变量，其作用域只在复合语句范围内。

④在一个方法中，方法上的输入参数也属于局部变量的范畴。

全局变量也称为外部变量，它是在方法外部定义的变量。它不属于哪一个方法，而属于一个源程序文件，其作用域是整个源程序。全局变量的说明符为 extern，比如，

```
extern int intX;
```

如果同一个源文件中的外部变量与局部变量同名，则在局部变量的作用范围内，外部变量被"屏蔽"，而不起作用。我们推荐读者尽量不使用 extern 变量。

在类中定义的实例变量，是可以在各个方法内使用的。在这些实例变量上，你可以设置访问控制。下面就举一个例子来演示局部变量和实例变量的区别。

【例 4-2】局部变量和实例变量的区别。

```
#import<Foundation/Foundation.h>

@interface Test : NSObject {
    int intX;
    int intY;
}
-(void) print;
-(void) setIntX:(int)n;
-(void) setIntY:(int)d;
-(int) intX;
-(int) intY;

@end

@implementation Test
-(void)print{
    int i = 1;
    NSLog(@"%i",i);
    NSLog(@"两个数相加的结果为：%i",intX+intY);
}

-(void) setIntX:(int)n{
    intX = n;
}

-(void) setIntY:(int)d{
    intY = d;
}
```

```
-(int) intX{
    return intX;
}

-(int) intY{
    return intY;
}

@end

int main (int argc, const char * argv[]) {
    @autoreleasepool{

    Test *test = [[Test alloc]init];
    [test setIntX:1];
    [test setIntY:1];
    [test print];
    }
    return 0;
}
```

【程序结果】

```
1
两个数相加的结果为：2
```

我们来分析上面的例子，其中 intX 和 intY 就是实例变量，在此类中的各个方法均可以访问实例变量，例如在方法 print 中：

```
-(void)print{
    int i = 1;
    NSLog(@"%i",i);
    NSLog(@"两个数相加的结果为：%i",intX+intY);
}
```

在方法 intX 中：

```
-(int) intX{
    return intX;
}
```

都使用了实例变量 intX。请大家注意一下 print 方法，它定义了一个变量 i，其值是 1，并且将它的值打印到了控制台上，这就是在方法内部定义的变量，也就是局部变量，它的作用域仅限于 print 方法。如果在这个方法的作用范围之外访问变量 i，则系统会报错。

4.3.2　理解 static

被 static 修饰的变量称为静态变量。方法内部定义的变量，在程序执行到它时，系统为它在栈上分配空间。方法在栈上分配的空间，在此方法执行结束时会释放掉，这样就产生了一个问题：如果想将方法中此变量的值保存至下一次调用时，如何实现？最容易想到的方法是定义一个全局的变量，但定义为一个全局变量有许多缺点，最明显的缺点是破坏了此变量的访问范围，使得在此方法中定义的变量，不仅仅受此方法控制。我们使用 static 就可以解决此问题。

从面向对象的角度出发，当需要一个数据对象为整个类而非某个对象服务，同时又力求不破坏类的封装性，即要求此成员隐藏在类的内部，又要求对外不可见的时候，这时就可以使用 static 关键字。

静态变量还有以下优点：可以节省内存，因为它是所有对象所公有的，因此，对多个对象来说，静态变量只存储一处，供所有对象共用。静态变量的值对每个对象都是一样，但它的值是可以更新的。只要某一个对象对静态变量的值更新一次，所有对象都能访问更新后的值，这样可以提高效率。例如，下面定义了一个静态变量：

```
static int intY;
```

如果想要定义一个方法，这个方法是属于一个类的，我们不需要创建一个对象就能直接调用的时候，我们称之为类方法（类似 Java 的 static 方法），它是这样定义的：

```
+(int) staticIntY;
```

我们使用"+"来声明类方法，下面演示一下静态变量和类方法的使用。

【例 4-3】Test.h 代码。

```
#import<Foundation/Foundation.h>

@interface Test : NSObject {
}

+(int) staticIntY;

@end
```

Test.m 的代码如下（注意定义静态变量的位置。类方法返回的值为静态变量的值+1）：

```
#import "Test.h"

int intX =10;
static int intY = 10;
@implementation Test
```

```
+(int)staticIntY{
    intY+=1;
    return intY;
}

@end
```

下面是测试类的代码，它使用类方法来返回一个静态变量的值。

```
#import<Foundation/Foundation.h>
#import "Test.h"

int main (int argc, const char * argv[]) {
    @autoreleasepool{

    NSLog(@"%i",[Test staticIntY]);
    NSLog(@"%i",[Test staticIntY]);

    }
    return 0;
}
```

【程序结果】

```
11
12
```

从上面的例子看出，静态变量的值是可以更新的。只要对静态变量的值更新一次，任何访问该变量的对象都获得更新以后的值。上面的程序不难理解，在第一次访问时，intY 的值为 10，加 1 后为 11；第二次访问后 intY 的值为 12。除了类方法使用静态变量之外，实例方法也可以使用静态变量。

4.3.3　变量的存储类别

在前面的例子中，我们已经使用了一些变量存储类别的说明符，例如 extern 和 static，下面将介绍另外三个变量存储类别的说明符。

1．auto

auto 用于声明一个自动局部变量，是方法内部变量的声明方式，是缺省设置。一般省略它，比如：

```
auto int intZ;
```

该语句为 intZ 声明一个自动的局部变量，也就是说，在方法调用时自动为它分配存储空

间，并在方法退出的时候自动释放这个变量。因为它在方法中是默认添加的，因此在方法中，

```
int intZ;
```

和语句

```
auto int intZ;
```

是等效的。

自动变量没有默认的初始值，除非我们显式的给它赋值，否则它的值不是确定的。

2．const

编译器允许你设置程序中的变量值为不可改变的值，这就是 const 修饰符的作用。它告诉编译器：这个变量在程序的运行期间都有恒定的值，是一个常数，当变量初始化以后，如果尝试改变这个变量的值，编译器就会发出警告，例如：

```
const double pi = 3.14;
```

这就声明了一个不可改变值的变量 pi，一般应该及时为它初始化。

3．volatile

这个修饰符刚好和 const 修饰符相反，它明确地告诉编译器，该变量的值会发生改变，它用来修饰被不同线程访问和修改的变量。例如：

```
*char1 = 'a';
*char1 = 'b';
```

如果没有使用 volatile，那么，当编译器遇到这两行代码的时候，因为这是对一个地址进行两次连续的赋值，所以编译器就将第一个语句从程序中删除掉。为了防止这种情况出现，应该把 char1 声明为一个 volatile 变量：

```
volatile char *char1;
```

下面我们用一个例子演示这三个标识符的用法。

【例 4-4】Test.h 代码，定义了一个 print 方法。

```
#import<Foundation/Foundation.h>

@interface Test : NSObject {
}

-(void)print;
@end
```

Test.m 代码，实现了 print 方法，并声明了三种类别的变量：

```
#import "Test.h"

@implementation Test

const double pi = 3.14;
volatile char char1 = 'a';

-(void)print{
    auto int i = 1;
    NSLog(@"%f",pi);
    NSLog(@"%i",i);
    NSLog(@"%c",char1);
}

@end
```

测试类 ClassTest.m 代码：

```
#import<Foundation/Foundation.h>
#import "Test.h"

int main (int argc, const char * argv[]) {
@autoreleasepool{

    Test *test = [[Test alloc]init];
    [test print];
    }
    return 0;
}
```

【程序结果】

```
3.140000
1
a
```

根据程序的定义，pi 是 double 类型的变量，并且是使用 const 修饰的，表示它的值是不可以被修改的，打印的结果是 3.140000；而 i 是局部变量，并且默认是 auto 修饰的，打印出的结果是 1；使用 volatile 修饰的变量 char1 表示这个变量是随时可以发生改变的。

4.4 @property 和 @synthesize

假设我们要做 5 个数的加法运算（即有 5 个实例变量），那是否应该声明 10 个方法，即分别声明各个属性的设置和取得方法，这样做岂不是很麻烦？幸好从 Objective-C 2.0 开始，我们能让系统自动生成设置变量值的方法和获取变量值的方法。通过这个方便的功能，可以减少编码量，并将更多的精力放在程序的业务逻辑上。在 Objective-C 2.0 中，在接口文件中（也就是扩展名为.h 的文件）使用@property 来标识属性（一般是实例变量）；在实现文件中（也就是扩展名为.m 的文件）使用@synthesize 标识所声明的属性，让系统自动生成设置方法和获取方法。下面将第 4.1 节中的例子更改为使用@property 和@synthesize 的程序。

接口文件 Test.h：

```
#import<Foundation/Foundation.h>

@interface Test : NSObject {
    int intX;
    int intY;
}
@property int intX,intY;

-(void) print;

@end
```

实现文件 Test.m：

```
#import "Test.h"

@implementation Test
@synthesize intX,intY;
-(void)print{
    NSLog(@"两个数相加的结果为：%i",intX+intY);
}

@end
```

类测试文件 ClassTest.m：

```
#import<Foundation/Foundation.h>
#import "Test.h"

int main (int argc, const char * argv[]) {
    @autoreleasepool{
```

```
    Test *test = [[Test alloc]init];
    [test setIntX:1];
    [test setIntY:1];
    [test print];
    }
    return 0;
}
```

【程序结果】

两个数相加的结果为：2

在上面例子代码中，我们在 Test.h 中添加了一行代码，并去掉了 4 个方法的声明，添加的代码为：

```
@property int intX,intY;
```

在 Test.m 中也添加一行代码，并且去掉了 4 个方法定义，添加的代码如下：

```
@synthesize intX,intY;
```

这次执行的结果和上次的结果是相同的，也就是说，新更改的程序可以实现和上个程序一样的结果。

定义@property 的标准语法格式是：

```
@property（属性列表）实例变量；
```

在我们上面的例子中，属性列表中没有设置任何属性（因为是整数，在内存一章中将给出更多的解释）：

```
@property int intX;
```

我们先在这里列出属性列表上的各个常用属性值，然后在本书的后面对各个属性作出更详细的解释，如表 4-1 所示。

表 4-1　属性列表上的各个常用属性值及其含义

属性	含义
assign	使用简单赋值语句为实例变量设置值
copy	使用 copy 方法设置实例变量的值
nonatomic	直接返回值。如果没有声明该属性，那么就是 atomic 属性，即对实例变量的存取是互斥锁定的（也就是说，在某一个时刻，只有一个线程访问）。在没有垃圾回收的环境下，系统 retain 这个实例变量，并设置 autorelease，然后才返回值

（续表）

属性	含义
readonly	不能设置实例变量的值，编译器不生成设置（setter）方法
readwrite	可以获取并设置实例变量的值。对于@synthesize，编译器自动生成取值（getter）和设置（setter）方法
retain	在赋值的时候执行 retain（保持）操作
getter=name	取值（getter）方法使用 name 指定的名称，而不是实例变量名称
setter=name	为赋值（setter）方法使用 name 指定的名称，而不是实例变量名称

下面我们举一个例子演示 property 的另外几种使用方法。

【例 4-5】property 的其他用法。

```
#import<Foundation/Foundation.h>

@interface MyClass : NSObject {

    int intValue;
    float floatValue;
}
@property int _intValue;
@property(copy) NSString *name;
@property float floatValue;
@property(readonly,getter=getANickname) NSString *nickname;

@end

@implementation MyClass

@synthesize _intValue = intValue,name;
//在 legacy runtime 中 name 会报错
//在 modern runtime 中 name 属性的方法会正常生成

@dynamic floatValue;
//这条语句并不是必须的

-(float)floatValue{
    return floatValue;
}

-(void)setFloatValue:(float)aValue{
    floatValue = aValue;
}

-(NSString *)getANickname{
    return @"LEE";
```

```
}

@end
```

下面测试一下上面类中定义的属性，测试代码如下。

```
#import<Foundation/Foundation.h>
#import "MyClass.h"

int main (int argc, const char * argv[]) {
    @autoreleasepool{

    MyClass *class1 = [[MyClass alloc]init];
    [class1 set_intValue:1];
    [class1 setName:@"Sam"];
    [class1 setFloatValue:1.1f];
    NSLog(@"intValue is %i,name is %@,floatValue is %g,nickname is %@",
    [class1 intValue],[class1 name],[class1 floatValue],[class1 getANickname]);

    }
    return 0;
}
```

【程序结果】

```
intValue is 1,name is Sam,floatValue is 1.1,nickname is LEE
```

首先 MyClass 定义了一些属性。intValue 属性使用了别的名字（_intValue）来生成相应的获取和设置方法，比如，生成的是 set_intValue 方法，而不是 setIntValue 方法。floatValue 属性是用@dynamic 标记修饰的属性，系统会推迟到运行时才动态生成相应的方法。nickname 属性使用的是一个自定义的获取属性方法的名称，因为它被 read-only 参数修饰，所以它只包含一个获取属性的方法，也就是说 nickname 属性只能够获取而不能设置。程序的执行结果不难理解。

另外还可以子类化属性。通过重写一个 readonly 的属性，可以让这个属性变为可读可写的属性，例如，下面定义了一个类 ClassA，它带有一个只读属性 IntValue。

```
#import<Foundation/Foundation.h>

@interface ClassA : NSObject {
    NSInteger intValue;
}
@property (readonly) NSInteger intValue;

@end
```

```
@implementation ClassA

@synthesize intValue;

@end
```

再定义一个 ClassA 的子类 ClassB，并且将这个属性设置为 readwrite，并在实现文件中实现了这个属性的设置方法，这就是子类化属性的一个例子。

```
#import<Foundation/Foundation.h>

@interface ClassB : ClassA

@property (readwrite) NSInteger intValue;

@end

@implementation ClassB

@dynamic intValue;

-(void)setIntValue:(NSInteger)newV{
     intValue = newV;
}
@end
```

另外，在 Objective-C 2.0 里面，新增加了一个"."操作的语法，使用这个方法能非常简便地访问属性，比如想要获得 intX 的值，可以这样写：

```
[test intX]
```

这会向 test 对象发送调用 intX 方法的消息，从而返回所需要的值。现在也可以使用点运算符来完成与其等价的表达式：

```
test.intX
```

我们还可以使用点运算符进行赋值：

```
test.intX = 2
```

上述语句的作用相当于：

```
[test setIntX: 2]
```

这两种方式都可以使用，但是在一个项目中最好保持风格一致，只使用某一种方式。"."操作只能使用在 setters 和 getters 方法中，而不能用在类的其他方法上。

4.5 多输入参数的方法

一个方法可能具有多个输入参数。在头文件中，可以定义带有多个输入参数的方法：

```
-(void) setIntX:(int)n andSetIntY:(int)d
```

在系统里面，这个方法的真实名字叫 setIntX:andSetIntY，你可以理解为，在 Objective-C 里面的方法名可以被分割成几段。我们这样来调用它：

```
[test setIntX:1 andSetIntY:2]
```

【例4-6】声明一个多参数的方法。

```
#import<Foundation/Foundation.h>

@interface Test : NSObject {
     int intX;
     int    intY;
}
@property int intX,intY;

-(void) print;
-(void) setIntX:(int)n andSetIntY:(int)d;

@end
```

下面程序实现了一个多参数的方法。

```
#import "Test.h"

@implementation Test
@synthesize intX,intY;
-(void)print{
     NSLog(@"两个数相加的结果为：%i",intX+intY);
}
-(void)setIntX:(int)n andSetIntY:(int)d{
     intX = n;
     intY = d;
}

@end
```

下面的程序调用这个多参数的方法。

```
#import<Foundation/Foundation.h>
```

```
#import "Test.h"

int main (int argc, const char * argv[]) {
    @autoreleasepool{

    Test *test = [[Test alloc]init];
    [test setIntX:1 andSetIntY:2];
    [test print];
    }
    return 0;
}
```

【程序结果】

两个数相加的结果为：3

在调用多参数方法时，可以省略从第二个开始的方法名字，比如：

```
[test setIntX:1 :2];
```

我们建议你总是加上各个名称，这样的代码比较容易让人理解和维护。下面总结多参数方法的定义语法：

```
+/- (返回类型) 名字 1 : (类型 1) 参数 1 名字 2 : (类型 2) 参数 2, ...;
```

在上面的语法中，+表示类方法，-表示实例方法，两者必须选一。你可以把"名字 1:名字 2:..."理解为方法的名称。返回类型同其他语言的作法相同，如果不返回任何值，你可以使用 void。参数 1 的类型是类型 1，参数 2 的类型是类型 2，依此类推。在名字 1 后面的名字（比如名字 2）可以省略，但是必须保留"："。我们再看一个例子：

```
@interfacePerson: NSObject
{
    intage, height;
}
+(Person *) newPerson;
-(void) setTo: (int) a : (int) h;
-(void) setAge: (int) a andHeight: (int) h;
-(int) age;
-(int) height;
@end
```

上面的 People 类有两个整型实例变量：age 和 Height。有一个类方法 newPerson，这个类方法返回一个 Person 对象（类似 Java 上的构造方法）。它有 4 个实例方法，前两个是设置值，后两个是返回值。

4.6 协议（protocol）

Objective-C 在NeXT时期曾经试图引入多重继承的概念，但由于协议的出现而没有实现。协议的作用类似于C++中对抽象基类的多重继承。协议是多个类共享方法的列表，协议中列出的方法在本类中并没有相应的实现，而是由别的类来实现这些方法。如果一个类要遵守一个协议，该类就必须实现特定协议的所有方法（可选方法除外）。

协议是一系列方法的列表，任何类都可以声明自身实现了某一个或一些协议。在 Objective-C 2.0 之前，一个类必须实现（它声明自己要符合的）协议中的所有方法，否则编译器会报告一个错误，表明这个类没有实现协议中的全部方法。Objective-C 2.0 版本允许标记协议中某些方法为可选的，这样编译器就不会强制实现这些可选的方法。定义一个协议需要使用@protocol 指令，紧跟着的是协议的名称，然后就可以声明一些方法，在指令@end 之前的所有方法的声明都是协议的一部分。下面是在 NSObject.h 上所定义的 NSCopying 协议的代码：

```
@protocol NSCopying
-(id) copyWithZone:(NSZone *) zone;
@end
```

如果你的类决定遵守 NSCopying 协议，则必须实现 copyWithZone：方法。通过在 @interface 中的一对尖括号内列出协议的名称，告诉编译器你正在遵守一个协议，比如：

```
@interface Test：NSObject <NSCopying>
```

这说明 Test 类的父类是 NSObject，并且遵守了 NSCopying 协议，这样编译器就知道 Test 类会实现 NSCopying 协议中定义的方法，所以编译器就会在类 Test 中寻找 copyWithZone：方法的实现部分。

如果想遵守多项协议，只需要在尖括号中列出多个协议，并且用"，"隔开，比如：

```
@interface Test：NSObject <NSCopying, NSCoding>
```

这样编译器就会知道 Test 类遵守了多项协议，Test 类中必须实现所有协议中定义的方法。

你也可以定义自己的协议，比如：

```
@protocol Fly
-(void) go;
-(void) stop;
@optional
-(void) sleep;
@end
```

任何类都可以遵守上述协议，用@optional 标记的方法是可选的方法，也就是说，这个方法可以选择实现，也可以选择不实现。

我们可以这样检查一个对象是否遵守某个协议：

```
if ([someObject conformsToProtocol:@protocol (Fly)] == YES) {
        //一些操作
}
```

通过在数据类型名称后面的尖括号中添加一些协议名称，我们可以利用编译器检查变量的一致性：

```
id<Fly> someObject;
```

这样就告诉编译器这个对象是遵守 Fly 协议的对象。

在定义一个新协议的时候，我们可以拓展现有协议的内容：

```
@protocol Fly1 <Fly>
```

这样就说明协议 Fly1 也采用了 Fly 协议，因此任何遵守 Fly1 协议的类必须实现此协议列出的方法和 Fly 协议定义的方法。

对于可选的方法，实现这些方法可以使某个类的行为改变。例如，文本框类的协议中可能包含一个可选的、用于实现用户输入的自动完成的方法。若这个对象实现了这个方法，那么文本框类就会在适当的时候调用这个方法，用于支持自动完成功能。

我们用一个例子来说明协议的使用方法，其中包括协议的定义，遵守协议，实现协议的方法，不实现协议的可选方法。下面这个程序定义了一个协议，其中的 sleep 方法是可选的。

【例4-7】协议的使用方法实例。

Fly.h 的代码如下：

```
#import<Foundation/Foundation.h>

@protocol Fly
-(void)go;
-(void)stop;
@optional
-(void)sleep;

@end
```

我们再定义了一个类并且遵守 Fly 协议。头文件 FlyTest.h 的代码如下：

```
#import<Foundation/Foundation.h>
#import "Fly.h"
```

```
@interface FlyTest : NSObject<Fly> {

}

@end
```

下面的测试类实现了协议中定义的非可选方法。请读者注意，我们并没有实现可选的方法 sleep。FlyTest.m 的代码如上：

```
#import "FlyTest.h"

@implementation FlyTest
-(void)go{
    NSLog(@"go");
}

-(void)stop{
    NSLog(@"stop");
}

@end
```

我们在测试类中调用这些方法：

```
#import<Foundation/Foundation.h>
#import "FlyTest.h"

int main (int argc, const char * argv[]) {
    @autoreleasepool{

    FlyTest *flyTest = [[FlyTest alloc]init];

    [flyTest go];
    [flyTest stop];


    }
return 0;
}
```

【程序结果】

```
go
stop
```

接下来说明一下协议定义的标准语法，其格式为：

```
@protocol 协议名<其他协议，...>
      方法声明 1
@optional
      方法声明 2
@required
      方法声明 3
...
@end
```

@optional 表明符合该协议的类并不一定要实现方法声明 2 中的各个方法，@required 是
必须要实现的方法。协议类似一个公共接口，它规定了多个类之间的接口。

4.7 异常处理

在编写一些方法时，你可能使用返回一个错误代码的方式来告诉调用者一些信息。在面
向对象语言中，异常处理（英文名为 exceptional handling）代替了上述返回错误代码的方
式。异常处理具有很多优势。异常处理分离了接收和处理错误的代码。这个功能理清了编程
者的思绪，也使代码可读性增强了，方便了维护者对代码的阅读和理解。

异常处理（又称为错误处理）功能提供了处理程序运行时出现的任何意外或异常情况的
方法。异常处理使用一些关键字来尝试可能未成功的操作、处理失败，以及事后清理资源。
异常处理也是一种为了防止未知错误产生所采取的处理措施。异常处理的好处是你不用再绞
尽脑汁去考虑各种错误，它为处理某一类错误提供了一个很有效的方法，使编程效率大大提
高。除此之外，异常也可以是自己主动抛出的（即自己触发一个异常）。

Objective-C 中的异常处理机制使用了四个指令来控制异常：@try、@catch、@throw 和
@finally，这四个指令的用法如下。

- 可能会抛出异常的代码块用@try 标记。
- @catch 指令标记的代码块，用于捕捉@try 语句块中的抛出的错误，你可以使用多个
  @catch 语句块来捕获各种各样类型的错误。
- @finally 语句块中包含的代码是不论程序是否抛出异常都会执行的代码。
- 可以使用@throw 自己抛出一个错误，这个错误一般是 NSException 类的对象。

异常具有以下特点。

①在应用程序遇到异常情况（如被零除情况或内存不足警告）时，就会产生异常。

②发生异常时，控制流立即跳转到关联的异常处理程序（如果存在的话）。

③如果给定异常没有异常处理程序，则程序将停止执行，并显示一条错误信息。

④可能导致异常的操作通过@try 关键字来捕获。

⑤异常处理程序是在异常发生时执行的代码块。@catch 关键字用于定义异常处理程序。

⑥程序可以使用@throw 关键字显式地引发异常。

⑦异常对象包含有关错误的详细信息，其中包括调用堆栈的状态以及有关错误的文本说明。

⑧即使引发了异常，@finally 块中的代码也会执行，从而使程序可以释放资源。

异常处理的一般格式如下：

```
@try {
    ... //可能会发生异常的程序代码
}
@catch (NSException *exception) {
    ... //发生了异常之后的处理
}
@finally {
... //无论哪种情况发生都要执行的代码，如：资源释放
}
```

捕获不同类型的异常的格式如下：

```
@try {
    ...
}
@catch (CustomException *exception1) {
    ... //发生了异常情况 1 之后的处理
}

@catch (NSException *exception2) {
    ... //发生了异常情况 2 之后的处理
}

@catch (id *exception3) {
    ... //发生了异常情况 3 之后的处理
}
@finally {
...
}
```

通过使用上述的格式，就可以捕获不同类型的异常，从而进行不同的异常处理。下面我们举一个自定义异常的例子：

```
NSException *exception = [NSException exceptionWithName:@"TestException"
reason:@"No Reason" userInfo:nil];
@throw exception;
```

通过这两条语句，可以完成异常的定义和抛出。当然，使用@catch 语句块就能捕获到抛出的异常。并不是只能使用 NSException 的对象来完成异常操作，其实 NSException 只是提供了一些方法来完成异常处理，我们可以通过继承 NSException 类来实现自定义的一

些异常。

比如说，调用一个没有定义的方法，或者不小心写错了方法名，编辑器就会报错，下面这个例子就是故意将 release 方法写错为 release1，看看系统会报什么错误。

```
#import<Foundation/Foundation.h>
#import "Test.h"

int main (int argc, const char * argv[]) {
    @auotreleasepool{
    Test *test = [[Test alloc]init];


    }
    return 0;
}
```

【程序结果】

```
*** Call stack at first throw:
(
    0    CoreFoundation      0x00007fff87375cc4 __exceptionPreprocess + 180
    1    libobjc.A.dylib     0x00007fff87b350f3 objc_exception_throw + 45
    2    CoreFoundation      0x00007fff873cf140 +[NSObject(NSObject)
                                                doesNotRecognizeSelector:] + 0
    3    CoreFoundation      0x00007fff87347cdf ___forwarding___ + 751
    4    CoreFoundation      0x00007fff87343e28 _CF_forwarding_prep_0 + 232
    5    ClassTest           0x0000000100000dd2 main + 138
    6    ClassTest           0x0000000100000d40 start + 52
)
terminate called after throwing an instance of 'NSException'
```

不出意料，程序报了很多的错误，并且异常终止了。我们使用一些异常处理的语句来捕获异常：在@try 中的语句，如果没有正常执行，就会立即跳到@catch 语句块中，在那里继续执行。在@catch 语句中处理异常，然后执行@finally 中的语句。值得注意的是，不管程序是否抛出异常，@finally 中的语句都会正常执行。针对上面的例子，我们添加了下面一些异常处理语句：

```
#import<Foundation/Foundation.h>
#import "Test.h"

int main (int argc, const char * argv[]) {
    NSAutoreleasePool * pool = [[NSAutoreleasePool alloc] init];

    Test *test = [[Test alloc]init];

    @try {
        [test release1];
```

```
    }
    @catch (NSException * e) {
            NSLog(@"Caught %@ %@",[e name],[e reason]);
    }
    @finally {
            [test release];
            NSLog(@"ok!");
    }

    [pool drain];
    return 0;
}
```

经过修改的代码就可以正常结束了，并且打印出一些比较易懂的错误，其中写在@finally
中的语句也正常执行了。

```
ClassTest[1182:a0f] -[Test release1]: unrecognized selector sent to
         instance 0x10010c710
ClassTest[1182:a0f] Caught NSInvalidArgumentException-[Test release1]:
         unrecognized selector sent to instance 0x10010c710
ClassTest[1182:a0f] ok!
```

值得注意的是，@throw 指令可以抛出自己的异常，开发人员可以使用该指令抛出特定
的异常。

4.8 调用 nil 对象的方法

在 Objective-C 中，nil 对象设计用来跟 NULL 空指针关联，他们的区别就是 nil 是一个
对象，而 NULL 只是一个值。而且调用 nil 的方法，不会产生崩溃或者抛出异常。

框架（framework）就在多种不同的方式下使用这个技术。最主要的好处就是在调用方
法之前根本无须去检查这个对象是否是 nil，假如我们调用了 nil 对象的一个有返回值的方
法，那么将会得到一个 nil 返回值。

还有一点，我们经常在 dealloc 方法上设置某些对象为 nil 对象：

```
- (void) dealloc
{
self.caption = nil;
self.photographer = nil;
    [super dealloc];
}
```

之所以这么做是因为 nil 对象设置给了一个成员变量，setter 就会 retain 这个 nil 对象（当

然，nil 对象不会做任何事情），然后 release 旧的对象。使用这种方式来释放对象其实更好，因为成员变量连指向随机数据的机会都没有。而通过别的方式，会不可避免地出现指向随机数据的情形。

在上面的例子中，使用了"self."这样的语法，这表示我们正在使用类的 setter（设置值）方法来设置成员变量为 nil。

4.9 指针

指针是一个特殊的变量，它里面存储的数值被解释成为内存里的一个地址。要搞清一个指针就需要搞清指针的四个方面的内容：指针的类型、指针所指向的类型、指针的值或者叫指针所指向的内存区，还有指针本身所占据的内存区，下面先声明几个指针做例子。

```
int*ptr;
char*ptr;
int**ptr;
int(*ptr)[3];
int*(*ptr)[4];
Member *myMember;
```

4.9.1 指针的类型和指针所指向的类型

从语法的角度看，只要把指针声明语句里的指针名字去掉，剩下的部分就是这个指针的类型，这是指针本身所具有的类型。让我们看看下面各个指针的类型：

```
int*ptr;//指针的类型是 int*
char*ptr;//指针的类型是 char*
int**ptr;//指针的类型是 int**
int(*ptr)[3];//指针的类型是 int(*)[3]
int*(*ptr)[4];//指针的类型是 int*(*)[4]
Member *myMember;//指针的类型是 Member*
```

当你通过指针来访问指针所指向的内存区时，指针所指向的类型决定了编译器将把那片内存区里的内容当做什么来看待。从语法上看，只须把指针声明语句中的指针名字和名字左边的指针声明符*去掉，剩下的就是指针所指向的类型。例如：

```
int*ptr;//指针所指向的类型是 int
char*ptr;//指针所指向的的类型是 char
int**ptr;//指针所指向的的类型是 int*
int(*ptr)[3];//指针所指向的的类型是 int()[3]
int*(*ptr)[4];//指针所指向的的类型是 int*()[4]
```

```
Member *myMember;//指针所指向的类型是 Member
```

从上面可以看出，指针的类型（即指针本身的类型）和指针所指向的类型是两个概念。

4.9.2　指针的值

指针的值是指针本身存储的值，这个值将被编译器当作一个地址，而不是一个一般的数值。在 32 位程序里，所有类型的指针的值都是一个 32 位整数，因为 32 位程序里内存地址全都是 32 位长。指针所指向的内存区就是从指针的值所代表的那个内存地址开始，长度为 sizeof(指针所指向的类型) 的一段内存区。以后，我们说一个指针的值是 XX，就相当于说该指针指向了以 XX 为首地址的一段内存区域；我们说一个指针指向了某块内存区域，就相当于说该指针的值是这块内存区域的首地址。指针所指向的内存区和指针所指向的类型是两个完全不同的概念。在上述的例子中，指针所指向的类型已经有了，但由于指针还未初始化，所以它所指向的内存区是不存在的，或者说是无意义的。以后，每遇到一个指针，都应该问问：这个指针的类型是什么？指针指向的类型是什么？该指针指向了哪里？

例如下面定义了一个整型变量，它的值是 3。

```
int a = 3;
```

然后定义一个指针，它的名称叫 intP，并将其指向我们定义的变量 a。

```
int *intP = &a;
```

在内存中的形态如图 4-9 所示。

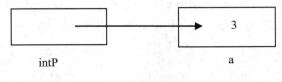

intP　　　　　　　　　　a

图 4-9 内存形态

上面语句中，&是取地址运算符，&a 的运算结果是一个指针。*p 的结果是 p 所指向的东西，比如：

```
int a=12;
int b;
int *p;
int **ptr;
p=&a;  //&a 的结果是一个指针，类型是 int*，指向的类型是 int，指向的地址是 a 的地址
*p=24;      //*p 的类型是 int，它所占用的地址是 p 所指向的地址，显然，*p 就是变量 a。
```

4.9.3 对象变量实际上是指针

定义一个类对象的变量的时候，你使用了指针，如：

```
Member *myMember;
```

事实上，你是定义了一个名为 myMember 的指针变量，这个变量定义为只想保存
Member 类型的数据，Member 是这个类的名称。使用 alloc 来创建 Member 对象的时候，是
为 Member 对象 myMember 分配了内存。

```
myMember = [Member alloc];
```

下述语句将对象变量赋给另一个对象变量：

```
myMember2=myMember;
```

上面只是简单地复制了指针，这两个变量都是指向同一块内存，当你更改了
myMember2 所指向内存的数据，也就更改了 myMember 所指向的内存的数据。

4.10 线程

Objective-C 支持线程同步和线程异常处理。Objective-C 支持在应用程序中使用多个线
程，这也就意味着两个线程可以在同一时刻修改同一个对象，这就有可能在程序中导致严重
的错误。Objective-C 提供了@synchronized()指令用于确保同一时刻只有一个线程可以访问程
序中的特定代码段。

@synchronized()指令使得单一线程可以锁住一个程序段，只有当这个线程退出这个受保
护的代码段的时候，也就是说，程序执行到保护代码段以外的时候，其他的线程才能访问这
个被保护的代码段。

@synchronized()指令只有一个参数可以设置，这个参数可以是任何 Objective-C 对象，
当然也可以是它本身。这个参数对象通常被理解为互斥量（mutex 或者 mutual exclusion
semaphore），它允许一个线程锁住代码段，从而阻止其他线程使用和修改这个代码段。通
过这种方式，系统就可以使得多线程程序避免线程之间相互竞争同一个资源。在程序中，应
该使用多个不同的互斥量，从而保护程序中的不同代码块。

下面的代码，使用 self 作为互斥量来同步访问一个对象的实例方法，也可以使用 Class
来代替代码中的 self，从而同步访问一个类方法。

```
-(void)criticalMethod{
    @synchronized(self){
    ...
```

```
    }
}
```

下面我们演示一下@synchronized()的经典用法，在执行一个关键操作之前（即多个线程在同一时刻不能同时执行这个操作），程序从 Account 类那里获得了一个互斥量。通过这个互斥量，就能锁住关键操作所在的代码段。Account 类在初始化方法中创建这个互斥量。

```
Account *account = [Account accountFromString:[accountFiled stringValue]];
id accountSemaphore = [Account semaphore];
@synchronized(accountSemaphore){
...//关键操作
}
```

一个线程能够在递归方式中多次使用同一个互斥量，而其他线程在这个线程释放所有锁之后才能获得对这个代码段的使用权，在这种情况下，每一个@synchronized()指令不是正常退出就是抛出一个异常。当在@synchronized()中的代码段抛出一个异常的时候，系统会捕获这个异常，然后释放这个互斥量（以便其他的线程能够访问这个被保护的代码段），系统最后将这个异常重新抛给下一个异常处理器。

4.11 Singleton（单例模式）

Singleton（单例模式），也叫单子模式，是一种常用的软件设计模式。在应用这个模式时，单例对象的类必须保证只有一个实例存在。许多时候整个系统只需要拥有一个全局对象，这样有利于我们协调系统整体的行为。比如在某个服务器程序中，该服务器的配置信息存放在一个文件中，这些配置数据由一个单例对象统一读取，然后服务进程中的其他对象再通过这个单例对象获取这些配置信息。这种方式简化了在复杂环境下的配置管理。

实现单例模式的思路是，一个类能返回对象一个实例（永远是同一个）和一个获得该实例的方法（必须是静态方法，通常使用 getInstance 这个名称）；当我们调用这个方法时，如果类持有的实例不为空，就返回这个实例；如果类保持的实例为空，就创建该类的实例，并将实例赋予该类保持的实例，从而限制用户只有通过该类提供的静态方法来得到该类的唯一实例。

单例模式在多线程的应用场合下必须小心使用。当唯一实例尚未创建时，如果有两个线程同时调用创建方法，那么它们同时没有检测到唯一实例的存在，从而同时各自创建了一个实例，这样就有两个实例被构造出来，从而违反了单例模式中实例唯一的原则。解决这个问题的办法是为标记类是否已经实例化的变量提供一个互斥锁（虽然这样会降低效率）。

在 Objective-C 中创建一个单例方法的步骤如下。

步骤1 为你的单例类声明一个静态的实例，并且初始化它的值为 nil。

步骤2 在获取实例的方法中（比如下例中的 getClassA)，只有在静态实例为 nil 的时候，产生一个你的类的实例，这个实例通常被称为共享的实例。

步骤3 重写 allocWithZone 方法，用于确定：不能够使用其他的方法创建我们类的实例，限制用户只能通过获取实例的方法得到这个类的实例。所以，我们在 allocWithZone 方法中直接返回共享的类实例。

步骤4 实现基本的协议方法 copyWithZone：、release、retain、retainCount 和 autorelease，用于保证单例具有一个正确的状态。最后四种方法是用于内存管理代码，并不适用于垃圾收集代码。

创建单例方法的例子代码如下所示。

```
@implementation ClassA
static ClassA *classA = nil;                //静态的该类的实例

+(ClassA *)getClassA{
    if (classA == nil) {                    //只有为空的时候构建实例
        classA = [[super allocWithZone:NULL]init];
    }
    return classA;
}

+(id)allocWithZone:(NSZone *)zone{
    return [[self getClassA] retain]; //返回单例
}

-(id)copyWithZone:(NSZone *)zone{
    return self;
}

-(id)retain{
    return self;
}

-(NSUInteger)retainCount{
    return NSUIntegerMax;
}

-(void)release{
//不做处理
}

-(id)autorelease{
    return self;
}
```

第 5 章

继承

从本章节可以学习到：

- ❖ 继承
- ❖ 方法重写
- ❖ 方法重载
- ❖ 使用 super
- ❖ 抽象类
- ❖ 动态方法调用
- ❖ 访问控制
- ❖ Category（类别）

继承是面向对象编程技术的一个重要特性，它允许创建分等级层次的类。使用继承，可以创建一个通用类，它定义了一般特性，该类可以被更具体的类继承，每个具体的类都可以增加一些自己特有的东西。

5.1　继承

类的定义通常是添加式的，一个新的类往往都基于另外一个类，而这个新类继承了原来类的方法和实例变量。新类通常简单地添加实例变量或者修改它所继承的方法，它不需要复制所继承的代码。继承将这些类连接成一个只有一个根的继承关系树。在编写基于 Objective-C 框架的代码时，这个根类通常是 NSObject，每个类（除了根类）都有一个超类，而每个类，包括根类都可以成为任何数量子类的超类。NSObject 是大多数类的根类。

继承是使用已存在的类的定义作为基础建立新类的技术，新类的定义可以增加新的数据或新的功能，也可以用父类的功能。这种技术使得复用以前的代码非常容易，能够大大缩短开发周期，降低开发费用。

Objective-C 不支持多重继承，单继承使 Objective-C 的继承关系很简单，一个类只能有一个父类，易于管理程序。在面向对象程序设计中运用继承原则，就是在每个由一般类和特殊类形成的结构中，把一般类的对象实例（比如车）和所有特殊类的对象实例（比如货车）都共同具有的属性和操作一次性地在一般类（即车）中进行显式地定义，在特殊类中不再重复地定义一般类中已经定义的东西。但是在语义上，特殊类却自动地、隐含地拥有它的一般类（以及所有更上层的一般类）中定义的属性和操作。特殊类的对象拥有其一般类的全部或部分属性与方法，称作特殊类对一般类的继承。继承所表达的就是一种对象类之间的相交关系，它使得某类对象可以继承另外一类对象的数据成员和成员方法。若类 B 继承类 A，则属于 B 的对象便具有类 A 的全部或部分属性（数据）和功能（操作），这里，被继承的类 A 称为基类、父类或超类，而称继承类 B 为 A 的派生类或子类。

继承避免了对一般类和特殊类之间共同特征进行的重复描述。同时，通过继承可以清晰地表达每一项共同特征所适应的概念范围——在一般类中定义的属性和操作适应于这个类本身以及它以下的每一层特殊类的全部对象。运用继承原则使得系统模型比较简练和清晰。

继承具有如下特征。

①继承关系是传递的。若类 C 继承类 B，类 B 继承类 A，则类 C 既有从类 B 那里继承下来的属性与方法，也有从类 A 那里继承下来的属性与方法，还可以有自己新定义的属性和方法。继承来的属性和方法尽管是隐式的，但仍是类 C 的属性和方法。继承是在一些比较一般的类的基础上构造、建立和扩充新类的最有效的手段。

②继承简化了人们对事物的认识和描述，能清晰体现相关类间的层次结构关系。

③继承提供了软件复用功能。若类 B 继承类 A，那么在建立类 B 时只需要再描述与基类（类 A）不同的少量特征（数据成员和成员方法）即可。这种做法能减小代码和数据的冗余

度，大大增加程序的重用性。

④继承通过增强一致性来减少模块间的接口和界面，大大增加了程序的易维护性。

⑤提供多重继承机制。从理论上说，一个类可以是多个一般类的特殊类，它可以从多个一般类中继承属性与方法，这便是多重继承。Objective-C 出于安全性和可靠性的考虑，仅支持单重继承。

我们来看一个例子，首先定义一个类叫车类，车有以下属性：车体大小、颜色、方向盘、轮胎。由车这个类可以派生出小客车和大卡车两个类，为小客车添加一个小后备箱属性，而为卡车添加一个大货箱属性。而从小客车类中派生出一个类叫奔驰小客车类，如图 5-1 所示。

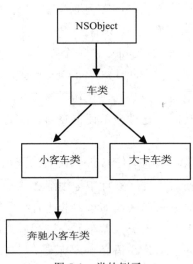

图 5-1　类的例子

下面用一个实际例子演示一下继承的用法，类之间的关系如图 5-2 所示。

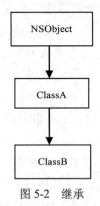

图 5-2　继承

首先定义一个 ClassA，它包含一个属性和一个方法，属性是一个整型的变量 x，方法是用来给这个整型变量设置一个值。注意程序中 ClassA 是继承 NSObject 类的，也就是说 NSObject 是 ClassA 的父类，ClassA 是 NSObject 的子类，代码如下所示。

【例5-1】ClassA.h 代码。

```
#import<Foundation/Foundation.h>

@interfaceClassA : NSObject {
    int x;
}
-(void) setX;

@end
```

ClassA.m 的代码如下：

```
#import "ClassA.h"

@implementationClassA
-(void)setX{
    x = 10;
}

@end
```

然后定义了一个 ClassB 用于继承 ClassA，这样一来 ClassB 也就拥有了 ClassA 的方法和属性，并定义了一个新的方法叫做 printX，用于将 x 的值打印出来，代码如下所示。

ClassB.h 的代码如下：

```
#import<Foundation/Foundation.h>
#import "ClassA.h"

@interfaceClassB :ClassA
-(void) printX;

@end
```

ClassB.m 的代码如下：

```
#import "ClassB.h"

@implementationClassB
-(void)printX{
    NSLog(@"%i",x);
}
@end
```

下面我们使用测试类来测试定义的类是否正常。在这个程序中，创建了一个 ClassB 的对象 classB，调用它的 setX 方法和 printX 方法。也许读者发现，ClassB 并没有定义 setX 方法，那么这个方法定义在哪里呢？答案是这个方法是从它的父类 ClassA 继承而来的。

```
#import "ClassA.h"
#import "ClassB.h"

int main (intargc, const char * argv[]) {
@autoreleasepool{
    ClassB *classB = [[ClassBalloc]init];
    [classBsetX];
    [classBprintX];
    }
    return 0;
}
```

【程序结果】

```
10
```

5.2 方法重写

在 Objective-C 中，子类可继承父类中的方法，而不需要重新编写相同的方法。但有时子类并不想原封不动地继承父类的方法，而是想作一定的修改，这就需要对方法进行重写。方法重写又称方法覆盖。若子类中的方法与父类中的某一方法具有相同的方法名、返回类型和参数，则新方法将覆盖原有的方法。

下面给出一个例子来演示方法重写的使用，我们将上一节继承例子的代码稍作修改，让其自己定义一个也叫 setX 的方法，并由自己实现，代码如下所示。

【例 5-2】ClassA.h 代码。

```
#import<Foundation/Foundation.h>

@interfaceClassA : NSObject {
    int x;
}
-(void) setX;

@end
```

ClassA.m 的代码如下：

```
#import "ClassA.h"

@implementationClassA
```

```
-(void)setX{
    x = 10;
}

@end
```

在 ClassB.h 中定义一个方法也叫 setX。

```
#import<Foundation/Foundation.h>
#import "ClassA.h"

@interfaceClassB :ClassA
-(void) printX;
-(void) setX;

@end
```

在 ClassB.m 中添加这个方法的实现。

```
#import "ClassB.h"

@implementationClassB
-(void)printX{
    NSLog(@"%i",x);
}

-(void)setX{
    x = 11;
}
@end
```

同样在测试类中调用该方法。

```
#import "ClassA.h"
#import "ClassB.h"

int main (intargc, const char * argv[]) {
@autoreleasepool{

    ClassB *classB = [[ClassBalloc]init];
    [classBsetX];
    [classBprintX];
    }
return 0;
}
```

【程序结果】

```
11
```

从这个程序可以看出，ClassB 的实例没有调用从 ClassA 中继承而来的方法 setX，而是调用了自己定义的方法 setX，这就是方法重写的一个简单的例子。

5.3 方法重载

方法重载是让类以统一的方式处理不同类型数据的一种手段。使用重载方法，可以在类中创建多个方法，它们具有相同的名字，但具有不同的参数和不同的定义。调用方法时，通过传递给它们的不同个数和类型的参数来决定具体使用哪个方法。在面向对象中的重载方法的具体规范是：

①方法名一定要相同。

②方法的参数表必须不同，包括参数的类型或个数，以此区分不同的方法体。

③方法的返回类型、修饰符可以相同，也可以不同。

基于前面的例子，我们给 ClassB 类增加一个新方法来体会方法重载。

```
-(void) setX:(int)value;
```

ClassB.h 的代码如下：

```
#import<Foundation/Foundation.h>
#import "ClassA.h"

@interfaceClassB :ClassA
-(void) printX;
-(void) setX;
-(void) setX:(int)value;
@end
```

ClassB.m 的代码如下：

```
#import "ClassB.h"

@implementationClassB
-(void)printX{
    NSLog(@"%i",x);
}

-(void)setX{
```

```
     x = 11;
}

-(void)setX:(int)value{
     x = value;
}
@end
```

测试类的代码如下：

```
#import "ClassA.h"
#import "ClassB.h"

int main (intargc, const char * argv[]) {
     @autoreleasepool{

     ClassB *classB = [[ClassBalloc]init];
     [classBsetX];
     [classBprintX];
     [classB setX:100];
     [classBprintX];
     }
     return 0;
}
```

【程序结果】

```
11
100
```

可以看到 ClassB 中有两个 setX 方法，一个是重写 ClassA 方法的，另一个则是自己定义的。我们在测试类中调用 setX 方法，编译器会根据是否输入一个参数，而动态选择 setX 方法。

在使用 Objective-C 的过程中，我们发现不能定义这样的两个方法：它们的名字相同，参数个数相同，参数类型不同，不同的返回值类型。否则 Xcode 会报一个错误，如图 5-3 所示，说是不能定义相同的方法名。注释掉任何一个方法均可正常运行。

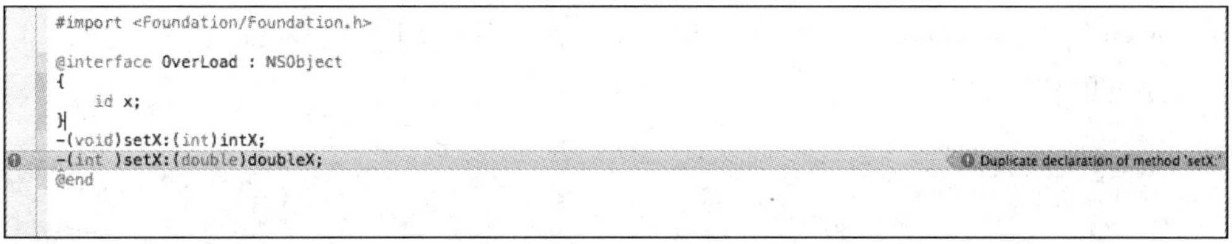

```
#import <Foundation/Foundation.h>

@interface OverLoad : NSObject
{
     id x;
}
-(void)setX:(int)intX;
-(int )setX:(double)doubleX;        ⓘ Duplicate declaration of method 'setX.'
@end
```

图 5-3　错误

下面给出上述报错的代码。

OverLoad.h 的代码如下：

```
#import<Foundation/Foundation.h>

@interfaceOverLoad : NSObject {
    id x;
}
-(void)setX:(int)intX;
-(int)setX:(double)doubleX;

@end
```

OverLoad.m 的代码如下：

```
#import "OverLoad.h"

@implementationOverLoad

-(void)setX:(int)intX{
    x = intX;
    NSLog(@"%i",x);
}

-(int)setX:(double)doubleX{
    x = doubleX;
    NSLog(@"%f",x);
    return 0;
}
@end
```

我们本来想让程序根据输入的参数动态选择方法，结果编译出错。

5.4 使用 super

super 关键字表示父类，可以使用 super 访问父类中被子类隐藏的或重写的方法，例如使用 "[super setX];" 表示调用父类的 setX 方法。下面这个例子用来演示 super 的用法。

ClassA.h 的代码如下：

```
#import<Foundation/Foundation.h>

@interfaceClassA : NSObject {
    int x;
}
-(void) setX;
```

```
@end
```

ClassA.m 的代码如下：

```
#import "ClassA.h"

@implementationClassA
-(void)setX{
    x = 10;
}

@end
```

ClassB.h 的代码如下：

```
#import<Foundation/Foundation.h>
#import "ClassA.h"

@interfaceClassB :ClassA
-(void) printX;
-(void) setX;

@end
```

在 ClassB.m 中的代码有所改动：setX 方法中多添加了一行。这行代码将 x 的值变成 11 之后执行，执行的是父类的 setX 方法，根据父类的方法，x 的值又将被设置为 10。

```
#import "ClassB.h"

@implementationClassB
-(void)printX{
    NSLog(@"%i",x);
}

-(void)setX{
    x = 11;
  [supersetX];
}
@end
```

执行下面的测试类代码：

```
#import "ClassA.h"
#import "ClassB.h"

int main (intargc, const char * argv[]) {
@autoreleasepool{
```

```
    ClassB *classB = [[ClassBalloc]init];
    [classBsetX];
    [classBprintX];
    }
    return 0;
}
```

【程序结果】

10

下面我们探讨一个更加基本的类继承话题：如果 ClassB 继承了 ClassA，而 ClassC 又继承了 ClassB，而且各个类都有自己的一些实例变量，那么，当初始化 ClassC 的对象时，其调用关系是什么呢？图 5-4 列出了它们之间的关系。这里有几条步骤用于实现初始化方法：

步骤1 永远首先调用父类（super）的初始化方法。

步骤2 检查调用父类初始化方法所产生的对象的结果。如果它为 nil，此时初始化方法就不能继续执行，应该返回一个 nil 的对象。

步骤3 当初始化实例变量的时候，如果该变量是一个引用对象，可以根据实际情况使用 copy 或者 retain 方法。

步骤4 在初始化实例变量后，返回 self。

当你创建一个子类的时候，应该查看从父类上继承来的初始化方法，如图 5-4 所示。通常情况下，父类的初始化方法是能够满足使用要求的，但是在另一些情况下，你需要覆盖这些方法。如果没有覆盖，那么父类的初始化方法就会被调用，父类并不知道你在子类中添加的新实例变量，所以父类的初始化方法就有可能没有正确地初始化这些新的实例变量。

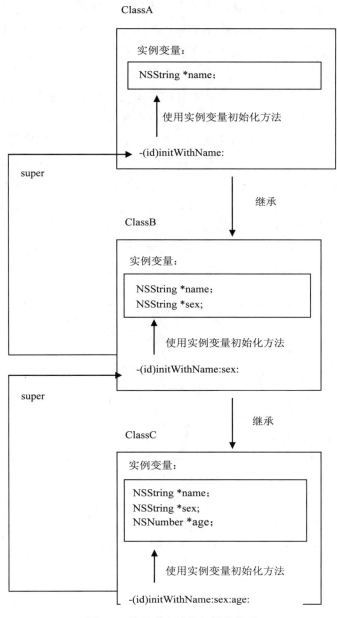

图 5-4　继承类之间的初始化关系

5.5　抽象类

在面向对象的概念中，所有的对象都是通过类来描绘的，但是反过来却不是这样，并不是所有的类都是用来描绘对象的。如果一个类中没有包含足够的信息来描绘一个具体的对象，这样的类就是抽象类。抽象类往往用来表示我们在对问题领域进行分析、设计中得出的抽象概念，是对一系列看上去不同，但是本质上相同的具体概念的抽象。比如，如果我们进行一个图形编辑软件的开发，就会发现问题领域存在着圆形、三角形这样一些具体概念。它们是不同的，但是它们又都属于形状这样一个概念。形状这个概念在问题领域是不存在的，它就是一个抽象概念。所以，抽象类定义的目的主要是为了别的类能从它们那里继承，这些抽象的方法和属性能够被很多不同的子类使用，从而保证子类继承一个相同的定义。抽象类对于它自己来说是不完整的，但是它能减少实现子类的负担。因为抽象类肯定会拥有一个子类使它自己变得有用，有时候这些抽象类被称为抽象父类。不同于别的语言，Objective-C 没有专门的语法去标记一个类是抽象类，而且它也不会阻止你创建一个抽象类的实例。在基础框架中，NSObject 类是一个标准的抽象类例子，在应用程序中，你从来没有使用过 NSObject 的实例，因为这样的实例没有什么特别的用处。

在 Objective-C 中，NSNumber 是一个关于数字的抽象类，具体的数字有整数、长整数、浮点数等，读者可以参考下面的例子来体会。

```
#import<Foundation/NSObject.h>
#import<Foundation/NSAutoreleasePool.h>
#import<Foundation/NSValue.h>
#import<Foundation/NSString.h>
int main (intargc, char *argv[])
{
     @autoreleasepool{
     NSNumber *myNumber, *floatNumber, *intNumber;
     NSIntegermyInt;
     // integer value
     intNumber = [NSNumbernumberWithInteger: 238];
     myInt = [intNumberintegerValue];
     NSLog (@"%li", (long) myInt);
     // long value
     myNumber = [NSNumbernumberWithLong: 0xbadcef];
     NSLog (@"%lx", [myNumberlongValue]);
     // float value
     floatNumber = [NSNumbernumberWithFloat: 2.08];
     NSLog (@"%g", [floatNumberfloatValue]);
     }
}
```

在上面的例子中，我们使用 NSNumber 的不同初始化方法来初始整型、长整型和浮点型数据。

Objective-C 语言没有特别的关键字来定义抽象类（比如，Java 有 abstract 关键字来定义抽象类），从这个层面上说，Objective-C 没有抽象类这个概念，很多 Objective-C 的使用者都认为 Objective-C 没有抽象类这个概念。

5.6 动态方法调用

超类的引用变量可以引用子类对象，Objective-C 就是使用这个原则来实现动态调用。在前面的章节中，我们学习了 id 数据类型，并指出这是一种通用的数据类型，也就是说它可以用来存储任何类的对象。也就是因为这个特性，在程序执行期间 id 的优势就展示了出来。下面我们定义了一个类，其中包含一个方法，该方法只打印出一行字。

Test1.h 的代码如下：

```
#import<Cocoa/Cocoa.h>

@interface Test1 : NSObject {

}
-(void) print;

@end
```

Test1.m 的代码如下：

```
#import "Test1.h"

@implementation Test1
-(void)print{
    NSLog(@"我是 test1");
}

@end
```

然后定义另一个类，它也包含了一个同名的方法，打印出来一行不同的句子（以示区分）。

Test.h 的代码如下：

```
#import<Foundation/Foundation.h>

@interface Test : NSObject {

}
-(void) print;

@end
```

Test.m 的代码如下：

```
#import "Test.h"

@implementation Test
-(void)print{
    NSLog(@"我是test");
}

@end
```

在测试类中，我们创建了 id 类型的对象 idTest，并且创建上述两个类的对象。请读者注意创建 id 类型对象的方式：没有"*"。我们先将 test 对象存储在 idTest 中，调用 idTest 的 print 方法，然后再将 test1 对象存储在 idTest 中，再调用 test1 对象的 print 方法，最后释放所创建的对象。

ClassTest.m 的代码如下：

```
#import<Foundation/Foundation.h>
#import "Test.h"
#import "Test1.h"

int main (intargc, const char * argv[]) {
    @autoreleasepool{

    ididTest;
    Test *test = [[Test alloc]init];
    Test1 *test1 = [[Test1 alloc]init];

    idTest = test;
    [idTest print];

    idTest = test1;
    [idTest print];

    }


    return 0;
}
```

【程序结果】

```
我是test
我是test1
```

我们将 Test 的对象 test 存储到 idTest 中，这时候 idTest 就可以调用 Test 对象的任何方法，虽然 idTest 是 id 类型而不是 Test 类型。那么，idTest 又怎么知道调用哪个 print 方法呢？

Objective-C 总是跟踪对象所属的类，并确定运行时（而不是编译时）需要动态调用的方法。也就是说，当系统调用 print 方法的时候，先检查 idTest 中存储的对象的类，然后根据这个类调用相应的 print 方法，也就显示了上面的结果。

5.7 访问控制

在接口部分声明实例变量的时候，可以把下面的三个指令放在实例变量的前面，以便更加准确地控制作用域。

- @protected：用此指令修饰的实例变量可以被该类和任何子类定义的方法直接访问，这是默认的情况。
- @private：用此指令修饰的实例变量可被定义在该类的方法直接访问，但是不能被子类中定义的方法直接访问。
- @public：用此指令修饰的实例变量可以被该类中的方法直接访问，也可以被其他类定义的方法直接访问，读者应该避免使用这个作用域。其他类应该使用 getter/setter 方法来访问或设置其他类上的实例变量，否则就破坏了面向对象的封装性。

【例 5-3】访问控制指令的用法。

```
#import<Foundation/Foundation.h>

@interface Test : NSObject {
    @public
    inti;
    int j;

    @protected
    float m;
    float n;

    @private
    double x;
    double y;
}

@end
```

下面来看一个实际的例子，首先定义三个类：第一个是父类 ClassOne，它定义了三种不同类型的变量，也是三种不同访问权限的变量。第二类是 ClassOne 的子类 ClassTwo，它通过一个方法来访问父类@protected 权限的属性。最后定义了一个与这两个类没有任何关系的类

TestClass，用来访问 ClassOne 的@public 属性和@private 属性，由于作用域的不同@private
属性应该是不能访问的。

ClassOne.h 的代码如下，它定义三个不同类型、不同访问权限的属性。

```
#import<Foundation/Foundation.h>

@interfaceClassOne : NSObject {
@public
int x;

@protected
float y;

@private
double z;
}

@end
```

ClassOne.m 的代码如下：

```
#import "ClassOne.h"

@implementationClassOne
@end
```

ClassTwo.h 的代码如下，它定义了 ClassTwo 为 ClassOne 的子类。

```
#import<Foundation/Foundation.h>
#import "ClassOne.h"

@interfaceClassTwo :ClassOne
-(void)print;
@end
```

ClassTwo.m 构建一个方法用来访问 ClassOne 中的@protected 的属性。

```
#import "ClassTwo.h"

@implementationClassTwo
-(void)print{
y = 2.0f;
NSLog(@"%f",y);
}
@end
```

TestClass.m 构建一个测试类，用来测试上面代码的正确性。

```
#import "ClassOne.h"
#import "ClassTwo.h"

int main (intargc, const char * argv[]) {
    @autoreleasepool{

ClassOne *classOne = [[ClassOnealloc]init];
ClassTwo *classTwo = [[ClassTwoalloc]init];

classOne->x = 1;
NSLog(@"%i",classOne->x);

[classTwo print];

classOne->z = 3.0;
NSLog(@"%e",classOne->z);

}
return 0;
}
```

【程序结果】

```
1
2.000000
3.000000e+00
```

由于@public 权限的属性，可以被其他类定义的方法直接访问，所以我们成功地设置了 x 的值并且取得了 x 的值，这是通过 "->" 方法实现（读者可能疑问为什么没有使用 "." 方法，因为 "." 方法在 Objective-C 中有特殊的含义，等价于调用 getter 方法）。我们调用 ClassTwo 中的方法，将它在 ClassOneA 中设置的属性打印出来。

值得注意的是，根据访问控制指令的作用，我们不能直接访问@private 权限的属性，但是测试程序竟然可以正确执行，并且将结果打印到控制台上。可以看到测试程序在 Xcode 下发出警告，如图 5-5 所示。

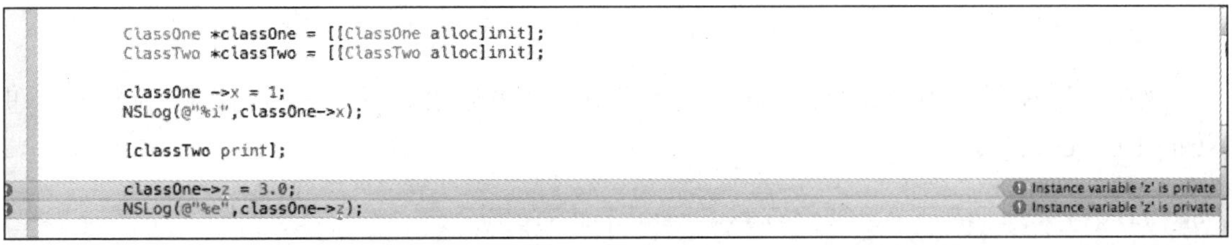

图 5-5　警告信息

上图中的警告信息如下。

```
warning: instance variable 'z' is @private; this will be a hard error in
the future
warning: instance variable 'z' is @private; this will be a hard error in
the future
```

5.8 Category（类别）

category 是 Objective-C 里面最常用到的功能之一。category 可以为已经存在的类增加方法，而不需要增加一个子类。另外，category 使得我们在不知道某个类的内部实现的情况下，为该类增加方法。

如果我们想增加某个框架（framework）中的类的方法，category 就非常有效。比如，如果想在 NSString 上增加一个方法来判断它是否是一个 URL，那就可以这么做：

```
#import……
@interfaceNSString (Utilities)
- (BOOL) isURL;
@end
```

这跟类的定义非常类似，区别就是 category 没有父类，而且在括号里面要有 category 的名字。名字可以随便取，但是名字应该让人比较明白 category 里面有些什么功能的方法。下面的例子添加了一个判断 URL 的方法。

```
 #import "NSStringUtilities.h"
@implementationNSString (Utilities)
- (BOOL) isURL
{
if ( [self hasPrefix:@"http://"] )
return YES;
else
return NO;
}
@end
```

现在可以在任何的 NSString 类对象上调用这个方法了。下面的代码在控制台上打印"string1 is a URL"。

```
NSString* string1 = @"http://www.xinlaoshi.com/";
NSString* string2 = @"Pixar";
if ( [string1 isURL] )
```

```
NSLog (@"string1 is a URL");
if ( [string2 isURL] )
NSLog (@"string2 is a URL");
```

从上面的例子看出，通过类别所添加的新方法就成为类的一部分。我们通过类别为 NSString 添加的方法也存在于它的方法列表中，而为 NSString 子类添加的新方法，NSString 类是不具有的。通过类别所添加的新方法可以像这个类的其他方法一样完成任何操作。在运行时，新添加的方法和已经存在的方法在使用上没有任何区别。通过类别为类所添加的方法和别的方法一样会被它的子类所继承。

类别接口的定义看起来很像类接口定义，而不同的是类别名使用圆括号列出，它们位于类名后面。类别必须导入它所扩展的类的接口文件。标准的语法格式如下：

```
#import "类名.h"
@interface 类名 ( 类别名 )
// 新方法的声明
@end
```

和类一样，类别的实现也要导入它的接口文件。一个常用的命名约定是，类别的基本文件名是这个类别扩展的类的名字后面跟类别名。因此，一个名字为"类名"+"类别名"+".m"的实现文件看起来就像这样：

```
#import "类名类别名.h"
@implementation 类名 ( 类别名 )
// 新方法的实现
@end
```

注意，类别并不能为类声明新的实例变量，它只包含方法。然而，在类作用域中的所有实例变量，都能被这些类别方法所访问。它们包括为类声明的所有实例变量，甚至那些被 @private 修饰的变量。可以为一个类添加多个类别，但每个类别名必须不同，而且每个类别都必须声明并实现一套不同的方法。

要记住的是，当我们通过 category 来修改一个类的时候，它对应用程序里的这个类的所有对象都起作用。跟子类不一样，category 不能增加成员变量。我们还可以用 category 来重写类原先的存在的方法（我们并不推荐读者这么做）。最后下面给出本节的完整例子。

【例5-4】categories 实例。

NSStringUtilities.h 的代码如下：

```
#import<Cocoa/Cocoa.h>

@interfaceNSString (Utilities)
-(BOOL)isURL;

@end
```

NSStringUtilities.m 的代码如下：

```
#import "NSStringUtilities.h"

@implementationNSString (Utilities)
-(BOOL)isURL{
    if ([self hasPrefix:@"http://"]) {
        return YES;
    }else {
        return NO;
    }
}

@end
```

测试类 UseCategories.m 的代码如下：

```
#import<Foundation/Foundation.h>

int main (intargc, const char * argv[]) {
    @autoreleasepool{

NSString *string1 = @"http://www.xinlaoshi.com/";
NSString *string2 = @"Pixar";

if ([string1 isURL]) {
NSLog(@"string1 is a URL");
}else {
NSLog(@"string1 is not a URL");
    }

if ([string2 isURL]) {
NSLog(@"string2 is a URL");
    } else {
NSLog(@"string2 is not a URL");
    }

    }
return 0;
}
```

【程序结果】

```
string1 is a URL
string2 is not a
```

第6章

编译预处理

从本章节可以学习到：

- ❖ 宏定义
- ❖ import
- ❖ 条件编译

在前面各章中，已经多次使用过以"#"号开头的预处理命令，如#import。预处理命令一般都放在源文件的开头部分，它们称为预处理部分。

所谓预处理是指在进行编译的第一遍扫描（词法扫描和语法分析）之前所作的工作。预处理是 Objective-C 语言的一个重要功能，它由预处理程序负责完成。当对一个源文件进行编译时，系统将自动引用预处理程序对源程序中的预处理部分作处理，处理完毕自动进入对源程序的编译。

Objective-C 语言提供了多种预处理功能，如宏定义、文件包含、条件编译等。合理地使用预处理功能编写的程序便于阅读、修改、移植和调试，也有利于程序设计的模块化。本章介绍常用的几种预处理功能。

6.1　宏定义

在 Objective-C 语言源程序中，允许用一个标识符来表示一个字符串，称为宏，被定义为宏的标识符称为宏名。在编译预处理时，对程序中所有出现的宏名，都用宏定义中的字符串去替换，这称为宏替换或宏展开。

宏定义是由源程序中的宏定义命令完成的，宏替换是由预处理程序自动完成的。在 Objective-C 语言中，宏分为有参数和无参数两种。下面分别讨论这两种宏的定义和调用。

6.1.1 无参宏定义

无参宏的宏名后不带参数，其定义的一般形式为：

```
#define  标识符字符串
```

其中的"#"表示这是一条预处理命令。凡是以"#"开头的均为预处理命令，define 为宏定义命令，"标识符"为所定义的宏名，"字符串"可以是常数、表达式、格式串等。

在前面介绍过的符号常量的定义就是一种无参宏定义。此外，常对程序中反复使用的表达式进行宏定义。例如：

```
#define M (y*y+3*y)
```

它的作用是指定标识符 M 来代替表达式（y*y+3*y）。在编写源程序时，所有的（y*y+3*y）都可由 M 代替，而对源程序作编译时，将先由预处理程序进行宏替换，即用（y*y+3*y）表达式去置换所有的宏名 M，然后再进行编译。

【例6-1】无参宏定义例子。

```
#import<Foundation/Foundation.h>
```

```
#define M (y*y+3*y)

int main (intargc, const char * argv[]) {
@autoreleasepool{

    int s;
    int y = 3;
    s = 3*M+4*M+5*M;
    NSLog(@"%i",s);


    }
    return 0;
}
```

【程序结果】

216错误！超链接引用无效。

在上例程序中，首先进行宏定义，定义 M 来替代表达式（y*y+3*y），在 s=3*M+4*M+5*M 中作了宏调用。在预处理时，经宏展开后，该语句变为：

```
s=3*(y*y+3*y)+4*(y*y+3*y)+5*(y*y+3*y);
```

但要注意的是，在宏定义中表达式(y*y+3*y)两边的括号不能少。否则会发生错误。如果你定义为下述的格式时：

```
#difine M y*y+3*y
```

在宏展开时，将得到下述语句：

```
s=3*y*y+3*y+4*y*y+3*y+5*y*y+3*y;
```

这显然与原题意要求不符，计算结果当然是错误的。因此，在作宏定义时必须十分注意，应保证在宏代换之后不发生错误。

对于宏定义，我们还要说明以下几点。

①宏定义是用宏名来表示一个字符串，在宏展开时又以该字符串取代宏名，这只是一种简单的代换。字符串中可以含任何字符，可以是常数，也可以是表达式。预处理程序对它不作任何检查。如有错误，只能在编译已被宏展开后的源程序时发现。

②宏定义不是说明语句，在行末不必加分号。如加上分号，则连分号也一起置换。

③宏定义必须写在方法之外，其作用域为宏定义命令起到程序结束。如要终止其作用域，则可使用#undef命令。

④宏名在源程序中若用引号括起来，则预处理程序不对其作宏代换。

⑤宏定义允许嵌套，在宏定义的字符串中可以使用已经定义的宏名。在宏展开时由预处

理程序层层代换。例如：

```
#define PI 3.1415926
#define S PI*y*y              /* PI 是已定义的宏名*/
```

⑥习惯上宏名用大写字母表示，以便于与变量区别，但也允许用小写字母。

⑦可用宏定义表示数据类型，方便书写。例如：

```
#define INTEGER int
```

在程序中即可用 INTEGER 作整型变量说明：

```
INTEGER a,b;
```

应注意用宏定义表示数据类型和用 typedef 定义数据说明符的区别。

⑧对输出格式作宏定义，可以减少书写麻烦。

6.1.2　带参宏定义

Objective-C 语言允许宏带有参数。在宏定义中的参数称为形式参数，在宏调用中的参数称为实际参数。对带参数的宏，在调用中，不仅要宏展开，而且要用实参去替换形参。

带参宏定义的一般形式为：

```
#define   宏名（形参表）  字符串
```

在字符串中含有各个形参。

带参宏调用的一般形式为：

```
宏名（实参表）;
```

【例6-2】带参宏定义和调用实例。

```
#import<Foundation/Foundation.h>
#define M(y) (y*y+3*y)

int main (intargc, const char * argv[]) {
    @autoreleasepool{

    int s;
    s = 3*M(3)+4*M(3)+5*M(3);
    NSLog(@"%i",s);

    }
    return 0;
}
```

【程序结果】

```
216
```

通过带参数的宏定义，可以把 y 的值传递了进去，计算的结果和不带参数的宏用法是一样的。对于带参的宏定义，有以下几点说明：

①带参宏定义中，宏名和形参表之间不能有空格出现。例如把：

```
#define MAX(a,b) (a>b)?a:b
```

写为：

```
#define MAX  (a,b)  (a>b)?a:b
```

将被认为是无参宏定义，宏名 MAX 代表字符串(a,b)(a>b)?a:b。宏展开时，宏调用语句：

```
max=MAX(x,y);
```

将变为：

```
max=(a,b)(a>b)?a:b(x,y);
```

这显然是错误的。

②在带参宏定义中，形式参数不分配内存单元，因此不必作类型定义。而宏调用中的实参有具体的值。要用它们去替换形参，因此必须作类型说明，这是与方法中的情况不一样。在方法中，形参和实参是两个不同的量，各有自己的作用域，调用时要把实参值赋予形参，进行"值传递"。而在带参宏中，只是符号替换，不存在值传递的问题。

③在宏定义中的形参是标识符，而宏调用中的实参可以是表达式。

④要注意括号的使用，例子如下所示。

【例6-3】不使用括号的实例。

```
#import<Foundation/Foundation.h>
#define M(y) y+1

int main (intargc, const char * argv[]) {
    @autoreleasepool{

    int s;
    s = M(3)*M(3);
    NSLog(@"%i",s);

    }
    return 0;
}
```

【程序结果】

```
7
```

【例6-4】使用括号的实例。

```
#import<Foundation/Foundation.h>
#define M(y) (y+1)

int main (intargc, const char * argv[]) {
    @autoreleasepool{

    int s;
    s = M(3)*M(3);
    NSLog(@"%i",s);


    }
    return 0;
}
```

【程序结果】

```
16
```

细心的读者可能发现，这两个代码很类似，但是结果却不同，代码的区别在于：

```
#define M(y) y+1
```

    和

```
#define M(y) (y+1)
```

读者不要小看这些括号的作用，因为宏只是帮我们把拥有宏名的地方替换成字符串。上述两种表达式就会有两种不同的结果：

```
3+1*3+1
```

    和

```
(3+1) * (3+1)
```

6.1.3 #运算符

如果在宏定义的参数之前放置一个#，那么在调用该宏的时候，预处理程序根据宏参数创建C语言风格的常量字符串。例如：

```
#definestr(x) #x
```

在后面的调用为：

```
str(test);
```

其实得到的结果为：

```
"test"
```

6.2 import

import（文件包含）是 Objective-C 预处理程序的另一个重要功能。文件包含命令行的一般形式为：

```
#import"文件名"
```

在程序设计中，文件包含是很有用的。一个大的程序可以分为多个模块，由多个程序员分别编程。有些公用的符号常量或宏定义等可单独组成一个文件，在其他文件的开头用包含命令包含该文件即可使用。这样，可避免在每个文件开头都去书写那些公用常量，从而节省时间，并减少出错。

包含命令中的文件名可以用双引号括起来，也可以用尖括号括起来，以下写法都是允许的：

```
#import<Foundation/Foundation.h>
#import "Member.h"
```

但是这两种形式是有区别的，使用尖括号表示在系统头文件目录中去查找，而不在源文件目录去查找。使用双引号则表示首先在当前的源文件目录中查找，若未找到才到系统头文件目录中去查找。在用户编程时，可根据自己文件所在的目录来选择某一种命令形式。

#import 类似于 C 语言里面的#include。不过#import 比#include 更加智能。为了在 C 中的多个地方，不重复包含同一个头文件，常常需要用#ifdef 等相关的预编译指令来进行判断。Objective-C 更为方便，只需要用#import 关键字简单实现头文件的包含即可，而不必担心同一个头文件会在多个地方被重复包含。

6.3 条件编译

预处理程序提供了条件编译的功能，可以按不同的条件去编译不同的程序部分，因而产生不同的目标代码文件。这对于程序的移植和调试是很有用的。

6.3.1 #ifdef、#endif、#else 和#ifndef 语句

当我们的程序移植到别的计算机系统的时候，程序上有些和硬件相关联的属性和方法不得不更改，所以就需要条件编译语句为我们实现这样的功能。例如，将程序移植到Windows7 上，可能包含下面的语句：

```
#ifdef WINDOWS_7
# define DATADIR "/sam/data"
#else
# define DATADIR "/lee/data"
#endif
```

在上述代码中，如果定义了 WINDOWS_7，则把 DATADIR 定义为"/sam/data"，否则就定义为"/lee/data"。

这几个宏是为了进行条件编译。一般情况下，源程序中所有的行都参加编译。但是有时希望对其中一部分内容只在满足一定条件才进行编译，也就是对一部分内容指定编译的条件，这就是条件编译。有时，希望当满足某条件时对一组语句进行编译，而当条件不满足时则编译另一组语句。条件编译命令最常见的形式为：

```
#ifdef 标识符
程序段 1
#else
程序段 2
#endif
```

它的作用是，当标识符已经被定义过（一般是用#define 命令定义），则对程序段 1 进行编译，否则编译程序段 2。其中#else 部分也可以没有，即：

```
#ifdef
程序段 1
#endif
```

这里的"程序段"可以是语句组，也可以是命令行。这种条件编译可以提高程序的通用性。条件指示符#ifndef 的最主要目的是防止头文件的重复包含和编译。下面我们举一个实际的例子：

```
#import<Foundation/Foundation.h>

#if !defined(PI)
#define DOUBLEPI 3.14*2
#else
```

```
#define DOUBLEPI PI*2
#endif


int main (intargc, const char * argv[]) {
    @autoreleasepool{
    float radii = 5.3f;
    NSLog(@"周长是：%g",DOUBLEPI*radii);

    }
    return 0;
}
```

【程序结果】

周长是：33.284

首先使用#if判断是否定义了 PI，如果没有定义，就定义了 DOUBLEPI 为 3.14 *2；如果定义了，就定义 DOUBLEPI 为 PI*2，最后使用#endif标记定义判断结束，这样就得到了一个半径为 5.3 的圆的周长。

6.3.2 #if 和#elif 预处理程序语句

#if 预处理程序语句提供控制条件编译的更加通用的方法，#if 语句可以用来检测常量表达式是否为非零。如果表达式为非零，就会处理到#else、#elif 或者#endif 为止的所有后续的预编译语句，即程序段 1，否则就跳过它们。预处理程序语句一般的格式为：

```
#if 常量表达式
程序段 1
#elif 常量表达式
程序段 2
#elif 常量表达式
程序段 3
#endif
```

6.3.3 #undef

在一些情况下，你可能需要将一些已经定义的名称变为未定义的名称，通过使用#undef语句就可以这么做。要消除特定名称的定义，可以使用下面的语句：

```
#undef SOMEDEF
```

除了消除了 SOMEDEF 的定义，之后关于判断 SOMEDEF 的语句都返回结果为假。

第7章

基础框架

（Foundation Framework）

从本章节可以学习到：

❖ 数字对象（NSNumber）

❖ 字符串对象

❖ 数组对象

❖ 字典对象（NSDictionary 和 NSMutableDictionary）

❖ 集合对象（NSSet）

❖ 枚举访问

一个框架（Framework）就是一个软件包，它包含了多个类。Mac 操作系统提供了几十个框架，从而帮助软件开发人员快速地在 Mac 系统上开发应用程序。在这些框架中，有一些称为基础框架。基础框架就是为所有程序开发提供基础的框架，其中的类包括：字符串（NSString）、数字（NSNumber）、数组（NSArray）、字典（NSDictionary）、集合（NSSet）等。所有基础框架上的类都同用户界面无关，也不是用来构筑用户界面。这也是区分基础框架和非基础框架的区别。在后续的几章中，我们将讲解这些类。为了使用这些类，需要在你的程序中，使用下述语句来导入基础框架的头文件：

```
#import<Foundation/Foundation.h>
```

你也可以只导入要使用的类的头文件，如：

```
#import<Foundation/NSString.h>
```

你可能经常需要查找某一个类的详细的属性和方法信息。在帮助（Help）菜单下选择"Documentation"就可以查找类的详细文档，如图 7-1 所示。

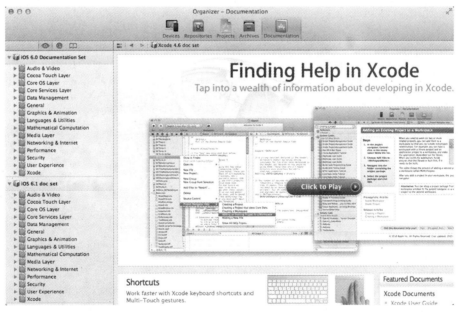

图 7-1　查找类的定义

例如，通过查找 foundation framework，就可以获得基础框架的信息，如图 7-2 所示。苹果的文档很详细，如图 7-3 所示，显示了该类的属性和方法，以及按照各个任务所作出的解释。

在 Xcode 开发环境中，你也可以快速地查到某个类或者方法的使用信息。如果你不知道 NSLog 的方法，那么，你可以高亮 NSLog，右击鼠标，从弹出菜单中选择"Find Text in Doucmentation"（如图 7-4 所示），就能获得使用该方法的信息，如图 7-5 所示。

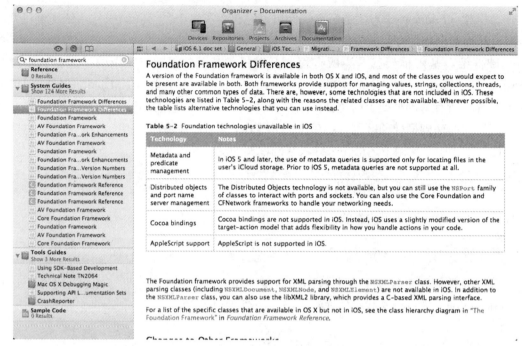

图 7-2　基础框架类

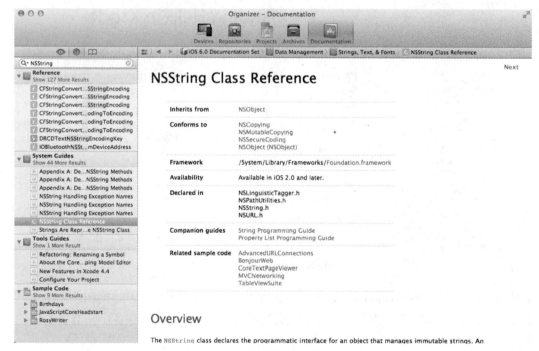

图 7-3　NSString 类

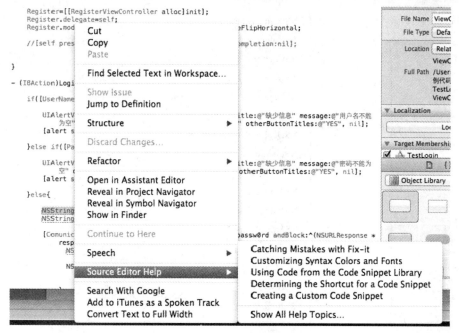

图 7-4　查找某一个类的使用方法

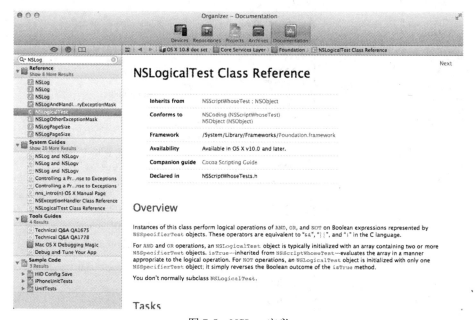

图 7-5　NSLog 定义

　　基础框架的根类是 NSObject 类，整个基础类的层次结构如图 7-6 所示，我们将在后续各章中讲解其中的几个重要类。

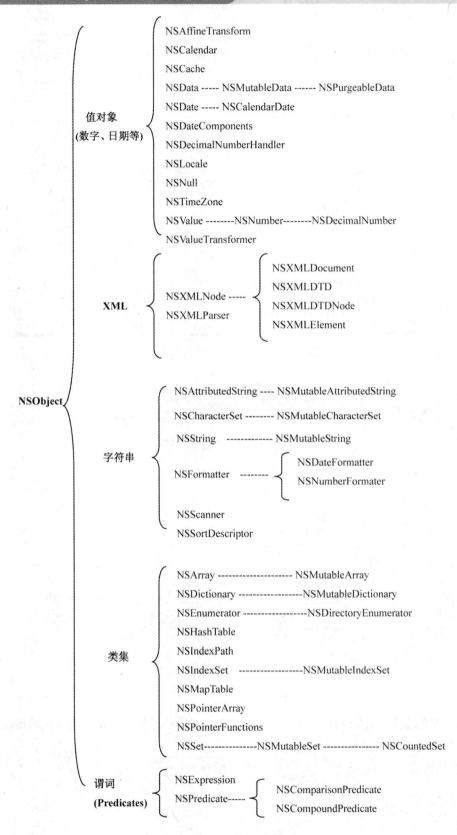

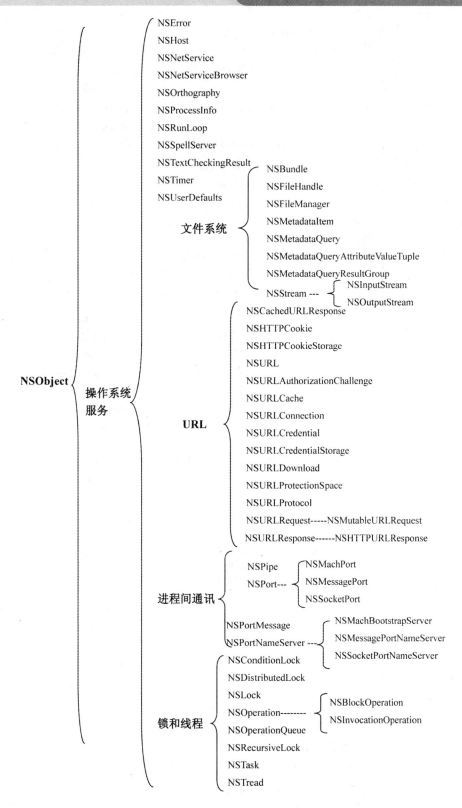

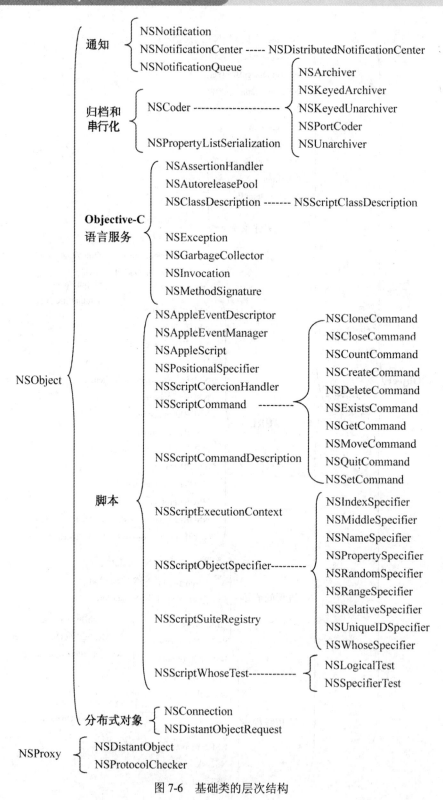

图 7-6　基础类的层次结构

7.1　数字对象（NSNumber）

在前面几章中，我们已经熟悉了使用 int 等数据类型声明数字变量，那么，为什么要使用数字对象呢？这是因为很多类（比如 NSArray）都要求使用对象，像 int 等声明的数字变量不是对象，所以，无法在这些类中使用。NSNumber 就是数字对象类。

7.1.1　数字对象的使用

下面用一个例子来演示这个数字对象的用法，包括数字类型对象的创建，不同类型的数字对象之间的大小比较。

【例 7-1】数字类型实例。

```
#import<Foundation/Foundation.h>

int main (int argc, const char * argv[]) {
    @autoreleasepool{

    NSNumber *myNumber,*floatNumber,*intNumber;

    //创建 integer 类型对象
    intNumber = [NSNumber numberWithInteger:123];
    NSLog(@"%i",[intNumber integerValue]);

    //创建 long 类型对象
    myNumber = [NSNumber numberWithLong:0xababab];
    NSLog(@"%lx",[myNumber longValue]);

    //创建 char 类型对象
    myNumber = [NSNumber numberWithChar:'K'];
    NSLog(@"%c",[myNumber charValue]);

    //创建 float 类型对象
    floatNumber = [NSNumber numberWithFloat:123.00];
    NSLog(@"%f",[floatNumber floatValue]);

    //创建 double 类型对象
    myNumber = [NSNumber numberWithDouble:112233e+15];
    NSLog(@"%lg",[myNumber doubleValue]);

    //判断两个对象的值是否相等
    if ([intNumber isEqualToNumber:floatNumber] == YES) {
        NSLog(@"值相等");
```

```
    } else {
        NSLog(@"值不相等");
    }

    //比较两个对象的值大小
    if ([intNumber compare:myNumber] == NSOrderedAscending) {
        NSLog(@"左边的数字小");
    } else {
        NSLog(@"左边的数字大");
    }

}
return 0;
}
```

【程序结果】

```
123
ababab
 K
 123.000000
 1.12233e+20
值相等
左边的数字小
```

我们来分析一下上面的例子代码。

```
NSAutoreleasePool * pool = [[NSAutoreleasePool alloc] init];
```

上面这行代码为我们分配给 pool 的自动释放池预留了内存空间。自动释放池可以自动释放添加到该池中的对象所使用的内存。当给对象发送一条 autorelease 消息时，就将该对象放到这个池中。释放这个池时，添加到该池中的所有对象都会一起释放，因此所有这样的对象都会被销毁，除非已经指明这些对象所在的作用域超出自动释放池。后面我们还会详细介绍这方面的知识。

NSNumber 类中包含多个类方法，这些类方法允许使用不同类型的初始值创建 NSNumber 对象，例如：

```
intNumber = [NSNumber numberWithInteger:123];
```

上面这行语句创建了一个值为 123 的整数对象。从 NSNumber 对象获得的值必须和存储在其中的值类型是相同的，也就是说，不能存入的是一个 integer 类型的值，取出的是一个 double 类型的值。当调用这样一条语句：

```
NSLog(@"%i",[intNumber integerValue]);
```

我们就能将这个对象中的值打印出来了。要注意的是，NSInteger 不是一个对象，而是基本数据类型的 typedef，它的定义如下：

```
Used to describe an integer.

#if __LP64__ || TARGET_OS_EMBEDDED || TARGET_OS_IPHONE || TARGET_OS_WIN32
|| NS_BUILD_32_LIKE_64
typedef long NSInteger;
#else
typedef int NSInteger;
#endif
```

根据上述定义，它可以是 64 位的 long，或者 32 位的 int。

对于每个基本类型，类方法都为它分配了一个 NSNumber 对象，并将其设置为指定的值。这些方法都是以 numberWith 开始的，之后是类型，如 numberWithLong。此外，可以使用实例方法为先前分配的 NSNumber 对象设定指定的值，这些都是以 initWith 开头的，比如 initWithLong。

```
[intNumber isEqualToNumber:floatNumber]
```

我们使用上述的 isEqualToNumber:方法来比较两个 NSNumber 对象的数值，该方法返回一个布尔类型的值，来告诉我们这两个对象的值是否相等。还可以使用 compare:方法来测试一个数值型的值是大于、等于或者小于另一个值，比如：

```
[intNumber compare:myNumber]
```

当 intNumber 的值小于 myNumber 中的值的时候，返回为 NSOrderedAscending；如果两个数相等，则返回值就变为 NSOrderedSame；如果第一个值大于第二个值，返回值就变为 NSOrderedDecending。

还有一点需要注意的是，我们不能重新初始化前面创建的 NSNumber 对象的值，否则系统会报错。正确的用法是这样的：

```
number1 = [[NSNumber alloc] initWithInt: 1000];
```

当然，对象使用完毕后应该及时释放它。

```
[number1 release];
```

7.1.2 NSNumber 方法总结

针对各个数据类型，表 7-1 总结了 NSNumber 类的各个方法。

表 7-1　NSNumber 类的各个方法

创建和初始化类方法	初始化实例方法	取值实例方法
numberWithChar:	initWithChar:	charValue
numberWithUnsignedChar:	initWithUnsignedChar:	unsignedCharValue
numberWithShort:	initWithShort:	shortValue
numberWithUnsignedShort:	initWithUnsignedShort:	unsignedShortValue
numberWithInteger:	initWithInteger:	integerValue
numberWithUnsignedInteger:	initWithUnsignedInteger:	unsignedIntegerValue
numberWithInt: initWithInt:	initWithInt:	intValueunsigned
numberWithUnsignedInt:	initWithUnsignedInt:	unsignedIntValue
numberWithLong:	initWithLong:	longValue
numberWithUnsignedLong:	initWithUnsignedLong:	unsignedLongValue
numberWithLongLong:	initWithLongLong:	longlongValue
numberWithUnsignedLongLong:	initWithUnsignedLongLong:	unsignedLongLongValue
numberWithFloat:	initWithFloat:	floatValue
numberWithDouble:	initWithDouble:	doubleValue
numberWithBool:	initWithBool:	boolValue

7.2　字符串对象

字符串常量是由一个@符号和一对双引号括起的字符序列。例如，@"CHINA"、@"￥999" 等都是合法的字符串常量。字符串常量和字符常量是不同的量，它们之间主要有以下区别：

①字符常量由单引号括起来，字符串常量由@符号和双引号括起来。

②字符常量只能是单个字符，字符串常量则可以含一个或多个字符。

③字符常量占一个字节的内存空间。字符串常量占的内存字节数等于字符串中字节数加1。增加的一个字节中存放字符"\0"（ASCII 码为 0）。这是字符串结束的标志。

字符串@"C program" 在内存中所占的字节为：

C		p	r	o	g	r	a	m	\0

字符常量'a'和字符串常量"a"虽然都只有一个字符，但在内存中的情况是不同的。

'a'在内存中占一个字节，可表示为：

a

"a"在内存中占二个字节，可表示为：

a	\0

7.2.1　不可修改字符串（NSString）

Objective-C 使用 NSString 类来操作字符串，而不是使用 C/C++中的 "char*"。Objective-C 表示字符串的方法也同 C 语言不同，它在一个字符串前面加一个@符号，比如，@"北京欢迎您"。下面声明变量 beijing 为一个字符串和使用 stringWithString 方法声明另一个字符串对象：

```
NSString  *beijing = @"北京欢迎您";
str1 = [NSString stringWithString: beijing];
```

stringWithString 方法就是基于一个字符串对象创建另一个字符串对象。在 NSString 内部，它使用 unichar 字符集，这个字符集符合 Unicode 标准。另外，在使用 NSString 的程序中，应该导入相应的文件：

```
#import<Foundation/NSString.h>
```

NSString 提供了格式化字符串的方法 stringWithFormat。在 Objective-C 中，使用 "%@" 来表示一个字符串的值，比如：

```
NSString  *name = @"zhenghong"; //声明变量 name 为一个字符串 "zhenghong"
NSString *log = [NSString stringWithFormat: @"I am '%@'", name];
```

上述的 log 变量的值为 "I am 'zhenghong'"。

NSString 提供了以下四种功能。

①在一个字符串后面附加一个新字符串。

```
NSString  *beijing  =  @"Beijing";
NSString  *welcome = [beijing   stringByAppendingString:  @ "welcome
you"];
 //welcome 变量的值为 "Beijing welcome you"。
```

②字符串的比较和判断。

```
-(BOOL) isEqualToString : (NSString *) string;   //比较两个字符串是否相同
-(BOOL) hasPrefix : (NSString *) string;   //开头字符的判断
-(int) intValue;   //转换为整数值
```

```
-(double)doubleValue: //转换为 double 值
```

比如：

```
NSString *name = @"zhenghong";
NSString *age = @"36";
if ([name hasPrefix:@"zheng"]) {
    ........
}
if ([age intValue] > 35) {
    ......
}
```

③字符串的大小写转换。NSString 提供了大小写转换的方法，比如：

```
str2 = [str1 uppercaseString]; //大写
str2 = [str1 lowercaseString]; //小写
```

④字符串的截取。substringToIndex 可以让你从某一个位置截取字符串。要注意的是，第一个字符的位置是 0，也就是说，位置是从 0 开始的，比如：

```
str2 = [str1 substringToIndex: 2];
```

表 7-2 总结了 NSString 的常用方法。

表 7-2　NSString 的常用方法

方法	说明
+(id)stringWithContentsOfFile:path　encoding:enc error err	创建一个新字符串并将其设置为 path 指定的文件的内容，使用字符编码 enc，在 err 上返回错误
+(id)stringWithContentsOfURL:url encoding :enc error:err	创建一个新字符串，并将其设置为 url 所指向的内容，使用字符编码 enc，在 err 上返回错误
+(id)string	创建一个新的空字符串
+(id)stringWithString:nsstring	创建一个新的字符串，并将其内容设置为 nsstring 内容
-(id)initWithString:nsstring	将新分配的字符串设置为 nsstring 内容
-(id)initWithContentsOfFile:path　encoding :enc error:err	将字符串设置为 path 指定的文件的内容
-(id)initWithContentsOfURL:url encoding :enc error:err	将字符串设置为 url 所指向的内容，使用 enc 字符编码，在 err 上返回错误
-(UNSIgned int)length	返回字符串中的字符数目
-(unichar)characterAtIndex:i	返回索引 i 所在的 Unicode 字符

（续表）

方法	说明
-(NSString *)substringFromIndex:i	返回从 i 开始到结尾的子字符串
-(NSString *)substringWithRange:range	根据指定范围返回子字符串
-(NSString *)substringToIndex:i	返回从字符串开始位置到 i 的子字符串
-(NSComparator *)caseInsensitiveCompare:nsstring	比较两个字符串（忽略大小写）
-(NSComparator *)compare:nsstring	比较两个字符串
-(BOOL)hasPrefix:nsstring	测试字符串是否以 nsstring 开始
-(BOOL)hasSuffix:nsstring	测试字符串是否以 nsstring 结尾
-(BOOL)isEqualToString:nsstring	测试两个字符串是否相等
-(NSString *)capitalizedString	返回字符串，串中的每个单词的首字母大写，其余字母小写
-(NSString *)lowercaseString	返回转换为小写的字符串
-(NSString *)uppercaseString	返回转换为大写的字符串
-(const char *)UTF8String	返回 UTF8 编码格式的字符串
-(double)doubleValue	返回转换为 double 类型的字符串
-(float)floatValue	返回转换为 float 类型的字符串
-(NSInteger) integerValue	返回转换为 NSInteger 类型的字符串
-(int)intValue	返回转换为 int 的字符串

下面使用一个例子来演示字符串的一些方法：

```
#import<Foundation/Foundation.h>

int main (int argc, const char * argv[]) {
@autoreleasepool{

    NSString *str1 = @"Thank you very much,Sam";
    NSString *str2 = @"Thank you very much,Lee";
    NSString *str3;

    NSRange range;

    NSLog(@"字符串 1 的长度为:%lu",[str1 length]);

    str3 = [NSString stringWithString:str1];
    NSLog(@"通过字符串 1 初始化的字符串 3 为:%@",str3);

    str3 = [str1 stringByAppendingString:str2];
    NSLog(@"将两个字符串连接起来得到的字符串为:%@",str3);
```

```
    if ([str1 isEqualToString:str3] == YES) {
        NSLog(@"这两个字符串相等");
    } else {
        NSLog(@"这两个字符串不相等");
    }

    if ([str1 compare:str2] == NSOrderedAscending) {
        NSLog(@"字符串 1 小于字符串 2");
    } else if ([str1 compare:str2] == NSOrderedSame) {
        NSLog(@"字符串 1 等于字符串 2");
    } else {
        NSLog(@"字符串 1 大于字符串 2");
    }

    str3 = [str1 uppercaseString];
    NSLog(@"转换为大写的字符串为:%@",str3);

    str3 = [str1 lowercaseString];
    NSLog(@"转换为小写的字符串为:%@",str3);

    str3 = [str1 substringToIndex:5];
    NSLog(@"截取前 5 个字符成为新的字符串为:%@",str3);

    str3 = [str1 substringFromIndex:5];
    NSLog(@"去除前 5 个字符成为新的字符串为:%@",str3);

    str3 = [[str1 substringFromIndex: 20] substringToIndex:3];
    NSLog(@"第 20 个字符到第 23 个字符之间形成的字符串为 :%@",str3);

    range = [str1 rangeOfString:@"Sam"];
    NSLog(@"包含字符串开始的位置是%lu,长度是%lu",range.location,range.length);

    if ([str1 rangeOfString:@"Lee"].location == NSNotFound) {
        NSLog(@"没有找到包含字符串");
    } else {
        NSLog(@"包含字符串开始的位置是 %lu,长度是%lu",range.location,
            range.length);
    }

}
return 0;
}
```

【程序结果】

字符串 1 的长度为:23

通过字符串 1 初始化的字符串 3 为:Thank you very much,Sam
将两个字符串连接起来得到的字符串为:Thank you very much,SamThank you very much,Lee
这两个字符串不相等
字符串 1 大于字符串 2
转换为大写的字符串为:THANK YOU VERY MUCH,SAM
转换为小写的字符串为:thank you very much,sam
截取前 5 个字符成为新的字符串为:Thank
去除前 5 个字符成为新的字符串为: you very much,Sam
第 20 个字符到第 23 个字符之间形成的字符串为 :Sam
包含字符串开始的位置是 20,长度是 3
没有找到包含字符串

在上面例子代码中，首先定义了三个不可变的 NSString 的对象：str1、str2 和 str3，前两个初始化了，第三个暂时没有初始化。

```
NSString *str1 = @"Thank you very much,Sam";
NSString *str2 = @"Thank you very much,Lee";
NSString *str3;
```

调用字符串对象的 Length 方法，得到字符串的长度。

```
[str1 length];
```

得到的结果是字符串 1 的长度为 23 个字符：

字符串 1 的长度为:23

例子还演示了如何通过另一个字符串的内容来创建一个全新的字符串，这个方法是将字符串的内容复制，而并不是对内存中同一个字符串的引用。系统将一个字符串的内容完全从另一个字符串那里复制而来。

```
str3 = [NSString stringWithString:str1];
```

使用 stringByAppendingString 方法可以用来连接两个字符串：

```
str3 = [str1 stringByAppendingString:str2];
```

最后得到的结果为：

将两个字符串连接起来得到的字符串为:Thank you very much,SamThank you very much,Lee

可以通过 isEqualToString：方法来检测两个字符串是否相等，它的结果是返回一个布尔类型的值：YES 或者 NO。

```
if ([str1 isEqualToString:str3] == YES) {
```

```
        NSLog(@"这两个字符串相等");
    } else {
        NSLog(@"这两个字符串不相等");
    }
```

另外例子还通过 compare: 方法来比较两个字符串的顺序，如果第一个字符串小于第二个字符串，则结果是 NSOrderedAscending，若两个字符串相等，则结果是 NSOrderedSame；如果第一个字符串大于第二个字符串，则结果是 NSOrderedDescending。若不想进行大小写的敏感检查，则可以使用另一个方法 caseInsensitiveCompare：，相应的代码为：

```
if ([str1 compare:str2] == NSOrderedAscending) {
        NSLog(@"字符串 1 小于字符串 2");
    } else if ([str1 compare:str2] == NSOrderedSame) {
        NSLog(@"字符串 1 等于字符串 2");
    } else {
        NSLog(@"字符串 1 大于字符串 2");
    }
```

执行结果是：

字符串 1 大于字符串 2

uppercaseString 和 lowercaseString 方法可以把字符串转换为大写，或者小写，但是不改变原来字符串，代码为：

```
str3 = [str1 uppercaseString];
    NSLog(@"转换为大写的字符串为:%@",str3);

    str3 = [str1 lowercaseString];
    NSLog(@"转换为小写的字符串为:%@",str3);
```

执行结果为：

转换为大写的字符串为:THANK YOU VERY MUCH,SAM
转换为小写的字符串为:thank you very much,sam

substringToIndex：方法创建了一个子字符串，它包括从首字符到定义的索引数为止（不包括索引当前的字符），并且注意索引是从 0 开始的。当操作字符的时候，注意一定不要越界，否则会发生错误"Range or index out of bounds"，代码为：

```
str3 = [str1 substringToIndex:5];
```

执行结果为：

截取前 5 个字符成为新的字符串为:Thank

substringFromIndex:方法返回一个字符串，它从字符串的指定索引字符开始直到字符串的末尾，代码为：

```
str3 = [str1 substringFromIndex:5];
```

我们可以结合上述两种方法来完成字符串内部的截取操作，首先使用 substringFromIndex: 方法去掉前面不用的字符串，再使用 substringToIndex:方法得到我们需要的那一部分字符串：

```
str3 = [[str1 substringFromIndex: 20] substringToIndex:3];
```

也可以使用方法 NSMakeRange:方法来完成上面两步完成的操作。

如果需要在一个字符串中查找另一个字符串，可以使用 rangeOfString:方法，如果找到了字符串，则返回位置信息；如果没有找到这个字符串，则返回 NSNotFound。代码为：

```
range = [str1 rangeOfString:@"Sam"];
NSLog(@"包含字符串开始的位置是%lu,长度是 %lu",range.location,range.length);

if ([str1 rangeOfString:@"Lee"].location == NSNotFound) {
    NSLog(@"没有找到包含字符串");
} else {
    NSLog(@"包含字符串开始的位置是%lu,长度是%lu",range.location,range.length);
}
```

执行结果为：

```
包含字符串开始的位置是20,长度是 3
没有找到包含字符串
```

7.2.2 可修改的字符串（NSMutableString）

NSString 本身不允许修改，如果需要修改字符串的话，可以使用 NSMutableString。NSMutableString 是 NSString 的子类，所以，所有 NSString 的方法都适用 NSMutableString，NSMutableString 提供了附加字符串的方法：

```
-(void) appendString: (NSString *) string;
-(void) appendFormat: (NSString *) string;
```

比如：

```
NSMutableString  *name = [NSMutableString  stringWithString: beijing];
[name appendString:@" zhenghong"];
```

表 7-3 总结了 NSMutableString 的常用方法。

表 7-3　NSMutableString 的常用方法

方法	说明
+(id)stringWithCapacity:size	创建一个字符串，size 个字符容量
-(id)initWithCapacity:size	初始化一个字符串，size 个字符容量
-(void)setString:nsstring	将字符串设置为 nsstring
-(void)appendString:nsstring	在一个字符串末尾附加一个字符串 nsstring
-(void)deleteCharactersInRange:range	删除指定 range 中的字符
-(void)insertString:nsstring atIndex:i	以索引位置 i 为起始位置插入 nssting
-(void)replaceCharactersInRange:range withString:nsstring	使用 nsstring 替换 range 指定的字符
-(void)replaceOccurrencesOfString:nsstring withString:nstring2 options:opts range:range	根据选项 opts，使用指定 range 中的 nsstring2 替换所有的 nsstring

下面举一个例子来说明可修改的字符串对象的一些方法。

【例 7-2】可修改的字符串对象实例。

```
#import<Foundation/Foundation.h>

int main (int argc, const char * argv[]) {
    @autoreleasepool{

    NSString *str1 = @"Welocome,Sam!";
    NSString *str2,*str3;
    NSMutableString *mstr;
    NSRange range;

    mstr = [NSMutableString stringWithString:str1];
    NSLog(@"%@",mstr);

    [mstr insertString:@"back " atIndex:9];
    NSLog(@"%@",mstr);

    [mstr insertString:@"How are you" atIndex:[mstr length]];
    NSLog(@"%@",mstr);

    [mstr appendString:@" in there?"];
    NSLog(@"%@",mstr);

    [mstr deleteCharactersInRange:NSMakeRange(29, 9)];
    NSLog(@"%@",mstr);

    range = [mstr rangeOfString:@"How are you?"];
```

```
        if (range.location != NSNotFound) {
            [mstr deleteCharactersInRange:range];
            NSLog(@"%@",mstr);
        }

        [mstr setString:@"Welcome,Sam!"];
        NSLog(@"%@",mstr);

        [mstr replaceCharactersInRange:NSMakeRange(8, 3) withString:@"Alex"];
        NSLog(@"%@",mstr);

        str2 = @"Welcome";
        str3 = @"Hello";

        range = [mstr rangeOfString:str2];

        if (range.location != NSNotFound) {
            [mstr replaceCharactersInRange:range withString:str3];
            NSLog(@"%@",mstr);
        }

        str2 = @"l";
        str3 = @"L";

        range = [mstr rangeOfString:str2];

        while (range.location != NSNotFound) {
            [mstr replaceCharactersInRange:range withString:str3];
            range = [mstr rangeOfString:str2];
        }

        NSLog(@"%@",mstr);

str2 = @"L";
        str3 = @"l";
        [mstr replaceOccurrencesOfString:str2
                        withString:str3
                            options:nil
                            range:NSMakeRange(0, [mstr length])];

        NSLog(@"%@",mstr);

}
return 0;
}
```

【程序结果】

```
Welocome,Sam!
Welocome,back Sam!
Welocome,back Sam!How are you
Welocome,back Sam!How are you in there?
Welocome,back Sam!How are you?
Welocome,back Sam!
Welcome,Sam!
Welcome,Alex!
Hello,Alex!
HeLLo,ALex!
Hello,Alex!
```

在上面例子中，首先创建了一个可以改变值的字符串对象：

```
NSMutableString *mstr;
```

然后使用方法 **stringWithString** 来设置 mstr 的值为 str1 的值：

```
mstr = [NSMutableString stringWithString:str1];
```

所以结果显示为：

```
Welocome,Sam!
```

insertString:atIndex: 方法将指定的字符串插入接受者，插入点从指定的索引值开始。在本例中，插入的位置是 9，插入字符串@"back"。

```
[mstr insertString:@"back " atIndex:9];
```

所以结果变为：

```
Welocome,back Sam!
```

还是使用上面的方法，但是嵌套了一个 **length** 方法就能将一个字符串插入另一个字符串的结尾：

```
[mstr insertString:@"How are you" atIndex:[mstr length]];
```

所以，我们在字符串的结尾添加了一些字符：

```
Welocome,back Sam!How are you
```

appendString 是专门完成上述任务的函数。

```
[mstr appendString:@" in there?"];
```

上面语句继续添加了一些字符串，结果为：

```
Welocome,back Sam!How are you in there?
```

使用 deleteCharctersInRange:方法可以删除特定索引的连续的字符，其中第一个参数是开始删除的索引号，第二个参数是删除字符的长度。

```
[mstr deleteCharactersInRange:NSMakeRange(29, 9)];
```

注意我们并没有删除字符串最后的问号，结果为：

```
Welocome,back Sam!How are you?
```

通过使用 rangeOfString:方法可以判断是否找到某个字符串。找到的话，就删除：

```
range = [mstr rangeOfString:@"How are you?"];

    if (range.location != NSNotFound) {
        [mstr deleteCharactersInRange:range];
        NSLog(@"%@",mstr);
    }
```

结果不等于 NSNotFound，就是说明找到了相关的字符串，并删除相关的字符串。

在下面的代码中，直接设置可变字符串对象的内容，然后使用 replaceCharactersInRange:方法用另一个字符串来替换这个字符串中的子串。

```
str2 = @"Welcome";
str3 = @"Hello";

range = [mstr rangeOfString:str2];

if (range.location != NSNotFound) {
        [mstr replaceCharactersInRange:range withString:str3];
        NSLog(@"%@",mstr);
}
```

在上述操作中，首先查找是否包含有这样的字符串，然后进行替换。也可以使用一个循环来实现全部替换的操作，代码如下：

```
str2 = @"l";
str3 = @"L";

range = [mstr rangeOfString:str2];

while (range.location != NSNotFound) {
        [mstr replaceCharactersInRange:range withString:str3];
```

```
                    range = [mstr rangeOfString:str2];
}
```

通过这样的方法，所有的"l"替换成"L"：

```
Hello,Alex!
HeLLo,ALex!
```

还可以使用 replaceOccurrencesOfString: 方法来替换上述的功能：

```
str2 = @"L";
str3 = @"l";
[mstr replaceOccurrencesOfString:str2
                      withString:str3
                         options:nil
                           range:NSMakeRange(0, [mstr length])];
```

上面代码再将"L"换为"l"，所以得到的结果为：

```
Hello,Alex!
```

7.3 数组对象

数组是有序的对象集合，一般情况下，一个数组中的元素都是相同类型的。类似可变字符串和不可变字符串，同样也存在可变数组和不可变数组。

7.3.1 不可变数组（NSArray）

我们使用 NSArray 来操作不可变数组。当需要处理可变数组的时候，就需要使用 NSMutableArray，它是 NSArray 的子类。在程序中使用数组对象，需要在开头插入相应的头文件：

```
#import<Foundation/NSArray.h>
```

NSArray 是数组类，在数组中的元素必须以 nil 结束。NSArray 数组类上的方法有：

```
+arrayWithObjects:(id)firstObj, …..; //声明数组，后面是各个元素，以 nil 结束
-(unsigned) count; //数组中的元素个数
-(id) objectAtIndex: (unsigned)index; //指定位置的元素
-(unsigned) indexOfObject: (id) object; //对象在数组中的位置
```

比如，下面这个数组包含了三个城市：

```
NSArray *city = [NSArray arrayWithObjects:@"北京",@"上海",@"湖州", nil];
if ([city indexOfObject:@"杭州"] == NSNotFound) {
NSLog (@"杭州未在其中");
}
```

下面举个例子演示不可变数组 NSArray 的初始化过程以及将其中所有元素取出来的
方法。

```
#import<Foundation/Foundation.h>

int main (int argc, const char * argv[]) {
@autoreleasepool{
    NSArray *city = [NSArray arrayWithObjects:
            @"上海",@"广州",@"宁波",@"杭州",@"重庆",@"武汉",nil];

    for(int i=0;i<[city count];i++){
        NSLog(@"%@",[city objectAtIndex:i]);
    }

}
return 0;
}
```

【程序结果】

```
上海
广州
宁波
杭州
重庆
武汉
```

在上述程序中，首先创建一个不可变数组的对象并使用 arrayWithObjects:方法初始化这
个数组对象。我们把需要初始化的值按照顺序排列，值之间使用逗号分开，并把该列表的最
后一个值设置为 nil。nil 并不存储在数组中，只是标记初始化完毕。

```
NSArray *city = [NSArray arrayWithObjects:
            @"上海",@"广州",@"宁波",@"杭州",@"重庆",@"武汉",nil];
```

通过以上的代码，city 数组就被初始化为包含 6 个字符串的数组。与字符串类似，数组
中的元素都是用索引来确定对象在数组中的位置。比如，上例中@"上海"这个字符串在数组
中的位置为 0。通过索引，可以检索数组中的元素。

```
for(int i=0;i<[city count];i++){
        NSLog(@"%@",[city objectAtIndex:i]);
```

```
    }
```

通过 objectAtIndex:方法，可以将特定索引的字符串取出来。再配合一个 for 循环，就能将数组中所有的元素取出来并打印到控制台上。值得注意的是，我们使用 count 方法来判断数组的元素的个数，这样就保证不会越界。

表 7-4 总结了 NSArray 的常用方法。

表 7-4　NSArray 的常用方法

方法	说明
+(id)arrayWithObjects:obj1,obj2,....nil	创建一个新的数组，obj1，obj2……是他的元素对象，以 nil 对象结尾
-(BOOL)containsObject:obj	确定数组中是否包含对象 obj
-(NSUInteger)count	数组中元素的个数
-(NSUInteger)indexOfObject:obj	第一个包含 obj 元素的索引号
-(id)objectAtIndex:i	存储在位置 i 的对象
-(void)makeObjectsPerformSelector:(SEL)selector	将 selector 指示的消息发送给数组中的每个元素
-(NSArray*)sortedArrayUsingSelector:(SEL)selector	根据 selector 指定的比较方法对数组进行排序
-(BOOL)writeToFile:path atomically:(BOOL)flag	将数组写入指定的文件中，如果 flag 为 YES，则需要先创建一个临时文件

7.3.2　可修改数组（NSMutableArray）

NSArray 是一个静态的数组，不能往该数组中动态添加元素，我们可以使用 NSMutableArray 来动态管理数组。NSMutableArray 是 NSArray 的子类，NSMutableArray 的常用方法有：

```
+ (NSMutableArray *)array;              //声明为一个数组
(void)addObject:(id)object;            //添加一个元素
(void)removeObject:(id)object;         //从数组中删除指定的元素
(void)removeAllObjects;                //删除所有元素
(void)insertObject:(id)object atIndex:(unsigned)index;
                             //在指定位置添加新元素
```

例如，执行完下面代码后的数组只包含两个元素：

```
NSMutableArray *city = [[NSMutableArray  alloc ] init];
[city addObject:@"北京"];
[city addObject:@"上海"];
[city addObject:@"湖州"];
[city removeObjectAtIndex:1];
```

下面来看一个实际的例子。这个例子在1到50之间，把能被3整除的数字放到数组中，然后打印数组内容。

【例7-3】数组实例。

```
#import<Foundation/Foundation.h>

int main (int argc, const char * argv[]) {
    @autoreleasepool{

    NSMutableArray *nsma = [NSMutableArray arrayWithCapacity:5];

    for(int p=1;p<=50;p++){
        if (p%3 == 0) {
            [nsma addObject:[NSNumber numberWithInteger:p]];
        }
    }

    for(int i=0;i<[nsma count];++i){
        NSLog(@"%li",(long)[[nsma objectAtIndex:i]integerValue]);
    }

  }
return 0;
}
```

【程序结果】

```
3
6
9
12
15
18
21
24
27
30
33
36
39
42
45
48
```

我们还可以使用 NSMutableArray 类中的名为 sortUsingSelector:方法进行数组排序的操作。sortUsingSelector:方法是使用一个 selector 作为参数，使用这个 selector 比较两个元素。

数组可以包含任何类型的对象，所以，排序的方法是先判断数组中的元素是不是有顺序。如果数组中的对象是你自己定义的类的对象，那么，在你的类中，需要添加一个方法用于比较两个元素，这个方法返回的结果是 NSComparisonResult 类型的值（NSOrderedAscending、NSOrderedSame 和 NSOrderedDescending）。

下面来看一个例子，首先创建了一个接口和一个实现文件，设置了两个属性：一个用来存放学生的名字，一个用来存放学生的年龄。并让编译器自动创建设置值和获取值的方法。然后再手动创建了一个打印方法和一个比较方法。

【例7-4】数组排序实例。

Student.h 的代码如下：

```
#import<Foundation/Foundation.h>

@interface Student : NSObject {
    NSString *name;
    int age;
}
@property (copy,nonatomic) NSString *name;
@property int age;
-(void)print;
-(NSComparisonResult)compareName:(id)element;

@end
```

这里要注意的是，compareName:方法将作为后面选择器的参数，直接调用此方法。注意方法 compareName:的返回值为 NSComparisonResult 类型的数据。

Student.m 的代码如下。

```
#import "Student.h"

@implementation Student
@synthesize name,age;
-(void)print{
    NSLog(@"name is %@,age is %i",name,age);
}

-(NSComparisonResult)compareName:(id)element{
    return [name compare:[element name]];
}
@end
```

在下面的例子中，我们创建三个 student 对象，并将它们初始化，然后创建一个可改变的数组 students 用来装入学生对象。接着，使用 for 循环将数组中的对象全部打印出来。然后调用数组对象的 sortUsingSelector:方法，它的参数是一个选择器，选择器的参数是一个方法

（compareName:），它使用这个方法比较数组中的两个元素。sortUsingSelector:方法的执行过程是先调用指定的方法，然后向接受者的第一条记录发送消息，比较参数和第一条的记录，返回一个 NSComparisonResult 类型的值。我们还在程序中使用了快速枚举方法：

```
for(Student *stu4 in students){
        NSLog(@"Name:%@,Age:%i",stu4.name,stu4.age );
    }
```

测试类 StudentTest.m 的代码如下：

```
#import<Foundation/Foundation.h>
#import "Student.h"

int main (int argc, const char * argv[]) {
@autoreleasepool{
    Student *stu1 = [[Student alloc]init];
    Student *stu2 = [[Student alloc]init];
    Student *stu3 = [[Student alloc]init];

    [stu1 setName:@"Sam"];
    [stu1 setAge:30];
    [stu2 setName:@"Lee"];
    [stu2 setAge:23];
    [stu3 setName:@"Alex"];
    [stu3 setAge:26];

    NSMutableArray *students = [[NSMutableArray alloc]init];
    [students addObject:stu1];
    [students addObject:stu2];
    [students addObject:stu3];

    NSLog(@"排序前");
    for(int i=0;i<[students count];i++){
        Student *stu4 = [students objectAtIndex:i];
        NSLog(@"Name:%@,Age:%i",[stu4 name],[stu4 age]);
    }

    [students sortUsingSelector:@selector(compareName:)];

    NSLog(@"排序后");
    for(Student *stu4 in students){
        NSLog(@"Name:%@,Age:%i",stu4.name,stu4.age );
    }

  }
}
```

【程序结果】

```
排序前
Name:Sam,Age:30
Name:Lee,Age:23
Name:Alex,Age:26
排序后
Name:Alex,Age:26
Name:Lee,Age:23
Name:Sam,Age:30
```

表 7-5 总结了 NSMutableArray 的常用方法。

表 7-5　NSMutableArray 的常用方法

方法	说明
+(id)array	创建一个空数组
+(id)arrayWithCapacity:size	创建一个数组，指定容量为 size
-(id)initWithCapacity:size	初始化一个新分配的数组，指定容量为 size
-(void)addObject:obj	将对象 obj 添加到数组末尾
-(void)insertObject:obj atIndex:i	将对象 obj 插入数组的 i 元素
-(void)replaceObjectAtIndex:i withObject:obj	将数组中序号为 i 的对象用对象 obj 替换
-(void)removeObject:obj	从数组中删除所有是 obj 的对象
-(void)removeObjectAtIndex:i	从数组中删除索引为 i 的对象
-(void)sortUsingSelector:(SEL)selector	用 selector 指示的比较方法将数组排序

7.4　字典对象（NSDictionary 和 NSMutableDictionary）

NSDictionary 的作用同 Java 中的字典类相同，提供了"键-值"对的集合。比如，使用字典类实现员工编号到员工姓名的存放，编号是一个键（唯一性），姓名是值。它的方法有：

```
+ dictionaryWithObjectsAndKeys: (id)firstObject, ...; //声明一个字典，以 nil 结束
- (unsigned)count;      //获得字典中"键-值"对的个数
- (id)objectForKey:(id)key; //查找某个键所对应的值，如果不存在，返回 nil
```

例如，下面的第一行代码定义了三个员工信息，值在前，键在后。第二行代码返回了第一个员工的信息（曹操）：

```
NSDictionary *employees = [NSDictionarydictionaryWithObjectsAndKeys: @"曹
操",@"1", @"孙权", @"2", @"刘备", @"3",nil];
NSString *firstEmployee = [employeesobjectForKey:@"1"];
```

同前几节的数组和字符串类似，NSDictionary 也是不可修改的字典。可变字典美是
NSMutableDictionary，它可以动态地添加和删除元素，它的方法有：

```
+ (NSMutableDictionary *)dictionary;        //声明一个动态字典
- (void)setObject:(id)object forKey:(id)key;  // 设置值和键
- (void)removeObjectForKey:(id)key; //删除键所指定的对象
- (void)removeAllObjects; //删除所有对象
```

例如，下面的代码声明一个 NSMutableDictionary 类，并添加一对键-值：

```
NSMutableDictionary *employees =[[NSMutableDictionary alloc] init];
[employees setObject:@"赵云" forKey:@"4"];
```

下面来看一个实际的例子，首先使用方法：

```
NSMutableDictionary *student = [NSMutableDictionary dictionary];
```

创建了一个空的可变字典类，然后使用 setObject:forKey:方法将键-值对添加到字典中。
接着使用 objectForKey:方法通过指定的键得到相关的值，然后将其打印出来。

【例 7-5】可变的字典类实例。

```
#import<Foundation/Foundation.h>
#import "Student.h"

int main (int argc, const char * argv[]) {
    NSAutoreleasePool * pool = [[NSAutoreleasePool alloc] init];

    NSMutableDictionary *student = [NSMutableDictionary dictionary];

    [student setObject:@"历史上的曹操性格非常复杂，陈寿认为曹操在三国历史上"明略最
优"，"揽申、商之法术，该韩、白之奇策，官方授材，各因其器，矫情任算，不念旧恶""
                        forKey:@"曹操"];
    [student setObject:@"诸葛亮治国治军的才能，济世爱民、谦虚谨慎的品格为后世各种杰
出的历史人物树立了榜样"
                        forKey:@"诸葛亮"];
    [student setObject:@"陈寿对刘备的评价是："弘毅宽厚，知人待士，盖有高祖之风，英
雄之器焉。及其举国托孤于诸葛亮，而心神无二，诚君臣之至公，古今之盛轨也。机权干略，不逮魏
武，是以基宇亦狭""
                        forKey:@"刘备"];

    NSLog(@"曹操:%@",[student objectForKey:@"曹操"]);
    NSLog(@"诸葛亮:%@",[student objectForKey:@"诸葛亮"]);
```

```
        NSLog(@"刘备:%@",[student objectForKey:@"刘备"]);

        [student release];
        [pool drain];
return 0;
}
```

【程序结果】

曹操:历史上的曹操性格非常复杂,陈寿认为曹操在三国历史上"明略最优","揽申、商之法术,该韩、白之奇策,官方授材,各因其器,矫情任算,不念旧恶"
诸葛亮:诸葛亮治国治军的才能,济世爱民、谦虚谨慎的品格为后世各种杰出的历史人物树立了榜样
刘备:陈寿对刘备的评价是:"弘毅宽厚,知人待士,盖有高祖之风,英雄之器焉。及其举国托孤于诸葛亮,而心神无二,诚君臣之至公,古今之盛轨也。机权干略,不逮魏武,是以基宇亦狭"

表 7-6 总结了 NSDictionary 的常用方法。

表 7-6   NSDictionary 的常用方法

方法	说明
+(id)dictionaryWithObjectsAndKeys: obj1,key1,obj2,key2,.....nil	顺序添加对象和键值来创建一个字典,注意结尾是 nil
-(id)initWithObjectsAndKeys: obj1,key1,obj2,key2,.....nil	初始化一个新分配的字典,顺序添加对象和值,结尾是 nil 对象
-(unsigned int)count	返回字典中的记录数
-(NSEnumerator *)keyEnumerator	返回字典中所有的键到一个 NSEnumerator 对象
-(NSArray *)keysSortedByValueUsing Selector:(SEL)selector	将字典中的所有键按照 selector 指定的方法进行排序,并将排序的结果返回
-(NSEnumerator *)objectEnumerator	返回字典中所有的值到一个 NSEnumerator 类型对象
-(id)objectForKey:key	返回指定 key 值的对象

表 7-7 总结了 NSMutableDictionary 的常用方法。

表 7-7   NSMutableDictionary 的常用方法

方法	说明
+(id)dictionaryWithCapacity:size	创建一个 size 大小的可变字典
-(id)initWithCapacity:size	初始化一个 size 大小的可变字典
-(void)removeAllObjects	删除字典中的所有元素
-(void)removeObjectForKey:key	删除字典中 key 位置的元素
-(void)setObject:obj forKey:key	添加（key，obj）到字典中；若 key 已经存在，则替换值为 obj

7.5 集合对象（NSSet）

集合（NSSet）对象是一组单值对象的组合，比如，1 个包含 1 到 50 个数字的集合。集合对象的操作包括搜索、添加、删除集合中的成员（可变集合的功能），比较两个集合，计算两个集合的交集和并集等。

在下面这个程序中，我们演示了一些集合的常用方法，并为 NSSet 类添加了一个名为 printInteger 的 category。因为可变集合 NSMutableSet 是 NSSet 类的子类，所以 NSMutableSet 也拥有这个方法。

【例7-6】集合实例。

```objc
#import<Foundation/Foundation.h>

@interface NSSet (printInteger)

-(void) printSet;

@end

@implementation NSSet (printInteger)

-(void)printSet{
    for (NSNumber *integer in self){
        printf("%li",[integer integerValue]);
    }
    printf("\n");
}
@end

int main (int argc, const char * argv[]) {
@autorelaseapool{

    NSMutableSet *set1 = [NSMutableSet setWithObjects:[NSNumber
numberWithInteger:1],
        [NSNumber numberWithInteger:3],
        [NSNumber numberWithInteger:5],nil];

    NSMutableSet *set2 = [NSMutableSet setWithObjects:[NSNumber
numberWithInteger:2],
        [NSNumber numberWithInteger:4],

    [NSNumber numberWithInteger:6],nil];
```

```
    if ([set1 isEqualToSet:set2] == YES) {
        NSLog(@"set1 = set2");
    } else {
        NSLog(@"set1 != set2");
    }

    if ([set1 containsObject:[NSNumber numberWithInteger:3]]== YES) {
        NSLog(@"set1 包含 3");
    } else {
        NSLog(@"set1 不包含 3");
    }

    [set1 printSet];

    [set1 addObject:[NSNumber numberWithInteger:6]];
    [set1 removeObject:[NSNumber numberWithInteger:1]];

    [set1 printSet];

    [set1 intersectSet:set2];
    [set1 printSet];

    [set1 unionSet:set2];
    [set1 printSet];

    }
return 0;
}
```

【程序结果】

```
set1 != set2
set1 包含 3
315
365
6
624
```

我们在定义 printSet 中使用了快速枚举的方法，并且使用 C 语言中的 printf 函数来打印，这样使结果的排版更加好看一些。在 main 方法中使用的 setWithObjects:方法是初始化集合的方法，注意它使用一个 nil 来结束集合的初始化。set1 是{1，3，5}，set2 是{2，4，6}。isEqualToSet:方法用来比较两个集合是否相等。从程序的结果来看，这两个集合并不相等。

containsObject:方法用来判断该集合是否包含某一个元素。在例子中，我们判断对象 3 是否包含在集合 set1 中，结果显示对象 3 的确是包含在集合 set1 中。这个方法所返回的结果值是一个布尔类型值。

addObject:方法可以为已经定义好的集合添加元素，removeObject:方法用于删除元素。在例子中，我们为 set1 添加了元素 6，删除了元素 1，set1 的结果为{3，6，5}。这样就使得 set1 和 set2 有了相同的元素 6。

intersectSet:方法计算出两个集合的交集， unionSet:方法计算出两个集合的并集。在例子中，集合 set1 和集合 set2 相交的结果是元素 6，set1 变成了{6}。然后再做两个集合的合并操作（并集），set1 的结果为{2，4，6}。

表 7-8 总结了 NSSet 的常用方法。

表 7-8　NSSet 的常用方法

方法	说明
+(id)setWithObjects:obj1,obj2,....nil	使用一组对象创建新集合
-(id)initWithObjects:obj1,obj2,....nil	使用一组对象初始化新分配的集合
-(NSUInteger)count	返回集合的成员个数
-(BOOL)containsObject:obj	确定集合是否包含对象 obj
-(BOOL)member:obj	确定集合是否包含对象 obj
-(NSEnumerator *)objectEnumerator	返回集合中所有对象到一个 NSEnumerator 类型的对象
-(BOOL)isSubsetOfSet:nsset	判断是否是一个集合 nsset 的子集
-(BOOL)intersectsSet:nsset	判断两个集合的交集是否存在至少一个元素 （或者：判断集合中是否至少有一个元素在 nsset 中）
-(BOOL)isEqualToSet:nsset	判断两个集合是否相等

表 7-9 总结了 NSMutableSet 的常用方法。

表 7-9　NSMutableSet 的常用方法

方法	说明
-(id)setWithCapcity:size	创建一个有 size 大小的新集合
-(id)initWithCapacity:size	初始化一个新分配的集合，大小为 size
-(void)addObject:obj	将对象 obj 添加到集合中
-(void)removeObject:obj	从集合删除对象 obj
-(void)removeAllObjects	删除集合中所有对象
-(void)unionSet:nsset	将 nsset 的所有元素添加到集合
-(void)minusSet:nsset	从集合中去掉所有 nsset 的元素
-(void)interectSet:nsset	集合和 nsset 做交集运算

7.6 枚举访问

对于数组、字典和集合，Objective-C 提供了枚举方法来访问各个元素，具体方法有两种。

方法 1：

```
NSArray *array = ... ; // 假定是一个会员数组
Member *memeber;
int count = [array count]; //获得会员数目
for (i = 0; i < count; i++) {
    member = [array objectAtIndex:i]; //对于每个会员
    NSLog([member description]);  // 在日志中记录会员的描述信息
}
```

方法 2：

```
for (Memeber *member in array) {
    NSLog([member description]);
}
```

第二种方法比较简洁，推荐使用第二种方法，一般称第二种枚举方法为快速枚举。这种方法，已经在前面的例子中使用过了。比如，在数组排序的例子中：

```
NSLog(@"排序前");
    for(int i=0;i<[students count];i++){
        Student *stu4 = [students objectAtIndex:i];
        NSLog(@"Name:%@,Age:%i",[stu4 name],[stu4 age]);
    }

    [students sortUsingSelector:@selector(compareName:)];

    NSLog(@"排序后");
    for(Student *stu4 in students){
        NSLog(@"Name:%@,Age:%i",stu4.name,stu4.age );
    }
```

我们针对可变数组同时使用了第一种枚举方法和第二种枚举方法。在集合对象的例子中，也使用了快速枚举方法：

```
@implementation NSSet (printInteger)
```

```
-(void)printSet{
    for (NSNumber *integer in self){
        printf("%li",[integer integerValue]);
    }
    printf("\n");
}
@end
..........
```

代码比较简单，先定义一个能够依次保留集合中每个元素的临时对象，然后使用关键字
in 紧跟其后，最后列出容器的名字（可以是数组、字典、集合等）。当 for 循环执行的时
候，它会将集合中的第一个对象取出，并放到事先定义的临时对象中。执行相关的操作，然
后再将集合的第二个对象放到临时对象中，直到集合中所有的元素都分配完毕，并且每一次
都执行了循环体中定义的操作。

上面已经举了集合和数组的例子，下面再举一个字典快速枚举的例子：

```
#import<Foundation/Foundation.h>
#import "Student.h"

int main (int argc, const char * argv[]) {
    @autoreleasepool{

    NSMutableDictionary *student = [NSMutableDictionary dictionary];

    [student setObject:@"历史上的曹操性格非常复杂，陈寿认为曹操在三国历史上"明略最
优"，"揽申、商之法术，该韩、白之奇策，官方授材，各因其器，矫情任算，不念旧恶""
                            forKey:@"曹操"];
    [student setObject:@"诸葛亮治国治军的才能，济世爱民、谦虚谨慎的品格为后世各种杰
出的历史人物树立了榜样"
                            forKey:@"诸葛亮"];
    [student setObject:@"陈寿对刘备的评价是："弘毅宽厚，知人待士，盖有高祖之风，英
雄之器焉。及其举国托孤于诸葛亮，而心神无二，诚君臣之至公，古今之盛轨也。机权干略，不逮魏
武，是以基宇亦狭。"
                            forKey:@"刘备"];

    for(NSString *key in student){
        NSLog(@"%@:%@",key,[student objectForKey:key]);
    }

    }
    return 0;
}
```

【程序结果】

诸葛亮:诸葛亮治国治军的才能，济世爱民、谦虚谨慎的品格为后世各种杰出的历史人物树立了榜样
刘备:陈寿对刘备的评价是："弘毅宽厚，知人待士，盖有高祖之风，英雄之器焉。及其举国托孤于诸葛亮，而心神无二，诚君臣之至公，古今之盛轨也。机权干略，不逮魏武，是以基宇亦狭。
曹操:历史上的曹操性格非常复杂，陈寿认为曹操在三国历史上"明略最优"，"揽申、商之法术，该韩、白之奇策，官方授材，各因其器，矫情任算，不念旧恶"

这个例子使用的是快速枚举的方法，将字典中的所有对象的"键"和"值"都打印出来。代码定义了一个 NSString 类型的对象，用来保存每次取出来的键值；然后基于取出的"键"，调用字典对象 student 的 objectForKey:方法将"值"也取出来，并打印到控制台上。

第 8 章

文件操作

从本章节可以学习到：

❖ 管理文件（NSFileManager）

❖ 管理目录

❖ 操作文件数据（NSData）

❖ 操作目录总结

❖ 文件的读写（NSFileHandle）

❖ NSProcessInfo

由于程序中经常有大量对文件的输入输出操作，文件操作构成了程序的主要部分。基础框架上的 NSFileManager 提供了很多方法来处理文件和目录：

- 创建文件（或目录）
- 读文件内容（或目录下的文件和子目录信息）
- 写数据到文件中
- 删除文件（或目录）
- 重命名文件（或目录）
- 检查文件（或目录）是否存在
- 获得文件（或目录）属性（比如大小、属主、创建时间等）
- 复制文件（或目录）
- 比较两个文件

基础框架上的 NSFileHandle 提供了文件操作的其他方法：

- 在一个文件上读、写或更新数据
- 在一个文件上定位到某一个位置
- 从一个文件上读取一定大小的文件数据
- 写一定大小的数据到文件上

8.1 管理文件（NSFileManager）

当打开文件或读取文件内容时，必须给出文件名。在 NSFileManager 类中，可以设置 pathname 为文件名，pathname 的数据类型是 NSString。这个文件名可以是一个绝对文件名，也可以是一个相对文件名（相对于当前目录），可以使用"~"表示用户的主目录（home directory）。NSFileManager 提供的操作文件的方法如表 8-1 所示。

表 8-1　NSFileManager 操作文件的方法

方法	说明
-(BOOL)contentsAtPath:path	从一个 path 所指定的文件上读取数据
-(BOOL)createFileAtPath:path contents:(NSData *)data attributes:attr	向一个 path 所指定的文件上写入数据。数据来自 data
-(BOOL)removeFileAtPath:path handler:handler	删除一个 path 所指定的文件
-(BOOL)movePath:from toPath: to handler:handler	重命名或者移动一个文件。from 是源文件，而 to 是目标文件
-(BOOL)copyPath:from toPath to handler:handler	复制一个文件。from 是源文件，而 to 是目标文件

（续表）

方法	说明
-(BOOL)contentsEqualAtPath:path1 andPath:path2	比较两个文件的内容是否相同。path1 和 path2 分别指向两个不同的文件。
-(BOOL)fileExistsAtPath:path	测试 path 所指定的文件是否存在
-(BOOL)isReadableFileAtPath:path	测试 path 所指定的文件是否存在，能否进行读取操作
-(BOOL)isWritableFileAtPath:path	测试 path 所指定的文件是否存在，能否进行写入操作
-(NSDictionary *)fileAttributesAtPath: path traverseLink:(BOOL)flag	获取 path 所指定的文件的属性，返回一个字典类型
-(BOOL)changeFileAttributes:attr atPath:path	更改 path 所指定的文件的属性

下面来看一个管理文件的实际例子。

【例8-1】管理文件实例。

```
#import<Foundation/Foundation.h>

int main (int argc, const char * argv[]) {
  @autoreleasepool{

    NSString *fileName = @"file";
    NSFileManager *fm;
    NSDictionary *nsd;
    fm = [NSFileManager defaultManager];

    if ([fm fileExistsAtPath:fileName] == NO) {
        NSLog(@"文件不存在！");
        return 1;
    } else if ([fm copyPath:fileName toPath:@"file1" handler:nil]== NO){
        NSLog(@"文件不能复制!");
        return 1;
    } else if ([fm contentsEqualAtPath:fileName andPath:@"file1"]== NO){
        NSLog(@"文件不相等!");
        return 1;
    } else if ([fm movePath:@"file1" toPath:@"file2" handler:nil]== NO){
        NSLog(@"文件不能重命名!");
        return 1;
    } else if ((nsd = [fm fileAttributesAtPath:@"file2" traverseLink:
        NO]) == nil) {
        NSLog(@"不能得到文件属性!");
        return 1;
    } else if (nsd != nil){
        for(NSString *str in nsd){
```

```
            NSLog(@"%@:%@",str,[nsd objectForKey:str]);
        }
    } else if ([fm removeFileAtPath:fileName handler:nil] == NO){
        NSLog(@"文件删除出错!");
        return 1;
    }

    NSLog(@"程序正常运行!");

    NSLog(@"%@",[NSString stringWithContentsOfFile:@"file2"
                    encoding:NSUTF8StringEncoding   error:nil]);

    }
    return 0;
}
```

【程序结果】

```
NSFileOwnerAccountID:501
NSFileHFSTypeCode:0
NSFileSystemFileNumber:1286400
NSFileExtensionHidden:0
NSFileSystemNumber:234881026
NSFileSize:35
NSFileGroupOwnerAccountID:20
NSFileHFSCreatorCode:0
NSFileOwnerAccountName:lee
NSFilePosixPermissions:420
NSFileCreationDate:2010-11-04 16:02:02 +0800
NSFileType:NSFileTypeRegular
NSFileExtendedAttributes:{
    "com.apple.TextEncoding" = <7574662d 383b3133 34323137 393834>;
}
NSFileGroupOwnerAccountName:staff
NSFileReferenceCount:1
NSFileModificationDate:2010-11-04 16:02:02
程序正常运行!
Hello,welcome to www.xinlaoshi.com!
```

在执行这些代码之前，需要准备一些文件。首先创建一个文件，我们可以使用 Xcode 来创建此文件。在 File 菜单下选择 New File，然后选择 Other 中 Empty File 类型的文件，并为它输入一个名字 file。值得注意的是，这个文件应该放在执行程序可以访问的目录下（比如，项目名/Build/Debug 目录下）。在创建文件后，可以手工在文件中写一些内容，笔者写的是"Hello,welcome to www.xinlaoshi.com!"。

在操作文件之前，首先要创建一个 NSFileManager 对象，所有的文件和目录操作都是通过这个对象进行的。

```
fm = [NSFileManager defaultManager];
```

fileExistsAtPath:方法用来测试文件是否存在。在操作文件之前，必须判断一下这个文件是否存在，所以第一步先调用这个方法进行判断。

代码中的 copyPath:fileName toPath:方法将一个文件做一个复制，这样就能生成两个内容一样、名字不一样的文件了。然后使用 contentsEqualAtPath:方法来判断这个复制的文件与原来的文件是不是内容一样。显然，它们的内容是相同的。

movePath: toPath:方法可以用来将文件从一个目录移动到另一个目录中，也可以移动整个目录。若两个目录是同一个目录，这个方法的作用就是为一个文件进行重命名。在代码中，由于是在同一目录下操作，所以将 file1 重命名为 file2。当我们进行复制、重命名和移动操作的时候，要注意目标文件不能存在，否则程序会异常退出。

fileAttributesAtPath: traverseLink: 方法返回一个文件的属性，它的返回结果是 NSDictionary 类型的，称为属性字典。使用一个快速枚举方法将所有这个文件的属性打印到控制台上。

最后通过 removeFileAtPath:方法删除了利用 Xcode 手工创建的文件，并使用 stringWithContentsOfFile:方法将 file2 文件的内容显示出来。

8.2 管理目录

NSFileManager 提供的操作目录的方法如表 8-2 所示。

表 8-2 NSFileManager 操作目录的方法

方法	说明
-(NSString*)currentDirectoryPath	获取当前目录
-(BOOL)changeCurrentDirectoryPath:path	更改当前目录为 path
-(BOOL)copyPath:from toPath:to handler:handler	复制目录结构。from 是源目录，而 to 是目标目录
-(BOOL)createDirectoryAtPath:path attributes:att	创建一个新的目录
-(BOOL)fileExistsAtPath:path isDirectory:(BOOL*)flag	测试是不是目录
-(NSArray*)directoryContentsAtPath:path	列出目录的内容
-(NSDirectoryEnumerator*)enumeratorAtPath:path	枚举目录的内容
-(BOOL)removeFileAtPath:path handler:handler	删除一个空目录
-(BOOL)movePath:from toPath:to handler:handler	重命名或者移动一个目录

下面来看一个管理目录的实际例子。

【例8-2】管理目录实例。

```
#import<Foundation/Foundation.h>

int main (int argc, const char * argv[]) {
    @autoreleasepool{

    NSString *dirName = @"dir1";
    NSFileManager *fm;
    NSString *path;
    NSDirectoryEnumerator *dirEnum;
    NSArray *dirArray;

    fm = [NSFileManager defaultManager];
    path = [fm currentDirectoryPath];

    NSLog(@"我们目前的目录是：%@",path);

    if ([fm createDirectoryAtPath:dirName attributes:nil] == NO) {
        NSLog(@"目录创建失败！");
        return 1;
    } else if ([fm movePath:dirName toPath:@"dir2" handler:nil] == NO) {
        NSLog(@"目录重命名失败!");
        return 1;
    } else if ([fm changeCurrentDirectoryPath:@"lee"] == NO) {
        NSLog(@"设置目录失败!");
        return 1;
    }

    path = [fm currentDirectoryPath];
    NSLog(@"经过更改我们目前的目录是：%@",path);
    NSLog(@"我们使用 enumeratorAtPath:方法枚举目录：");
    dirEnum = [fm enumeratorAtPath:path];

    while ((path = [dirEnum nextObject]) != nil){
        NSLog(@"%@",path);
    }

    NSLog(@"我们使用 directoryContentsAtPath:方法枚举目录：");
    dirArray = [fm directoryContentsAtPath:[fm currentDirectoryPath]];
    for(path in dirArray){
        NSLog(@"%@",path);
    }


    }
    return 0;
```

```
}
```

【程序结果】

```
我们目前的目录是: /Users/lee/objc2.0/unit3/NSMember/build/Debug
经过更改我们目前的目录是: /Users/lee/objc2.0/unit3/NSMember/build/Debug/lee
我们使用 enumeratorAtPath:方法枚举目录:
bye
hello
hello/star.png
我们使用 directoryContentsAtPath:方法枚举目录:
bye
hello
```

下面分析一下上述代码。首先创建一个目录名称,将其保存为字符串类型:

```
NSString *dirName = @"dir1";
```

创建的目录名定义为 dir1,然后定义了 NSFileManager 对象来进行目录的相关操作,并使用这个类的静态方法创建一个文件管理器对象:

```
fm = [NSFileManager defaultManager];
```

使用 NSFileManager 对象的方法来取得当前的目录,并存入字符串对象中,最后打印到控制台上:

```
path = [fm currentDirectoryPath];
NSLog(@"我们目前的目录是: %@",path);
```

接下来进行了一些目录的操作,使用 createDirectoryAtPath: attributes:方法创建一个目录,如果目录创建失败就会返回 NO,并把相关的错误信息打印到控制台上,用于提醒使用程序的人员。movePath:dirName toPath: handler:方法可以将创建好的目录重命名为另一个名字。changeCurrentDirectoryPath:方法可以设置当前的目录为指定目录。最后枚举目录中的内容:

```
    NSLog(@"我们使用 enumeratorAtPath:方法枚举目录: ");
    dirEnum = [fm enumeratorAtPath:path];

    while ((path = [dirEnum nextObject]) != nil){
        NSLog(@"%@",path);
    }
```

代码通过调用文件管理器对象的 enumeratorAtPath:方法开始了目录的枚举过程,这个方法返回了一个 NSDirectoryEnumerator 类型的对象。当每次调用这个对象的 nextObject 方法时,都会返回目录下的一个文件或者目录的名字,当返回 nil 的时候,枚举就结束了。整个循环打印出了指定目录下的内容。

```
NSLog(@"我们使用directoryContentsAtPath:方法枚举目录: ");
    dirArray = [fm directoryContentsAtPath:[fm currentDirectoryPath]];
    for(path in dirArray){
        NSLog(@"%@",path);
    }

    [pool drain];
    return 0;
}
```

directoryContentsAtPath:方法也用于枚举目录的内容，它会返回一个目录内容数组，然后使用快速枚举方法将数组中的路径（文件或者子目录名字）全部打印出来。

读者会发现，我们使用了两个不同的方法来枚举同一个目录，所得到的结果却是不同的。正如打印结果所示，程序枚举同一个 lee 目录，但是却得到了不同的结果：

```
我们使用enumeratorAtPath:方法枚举目录:
bye
hello
hello/star.png
我们使用directoryContentsAtPath:方法枚举目录:
bye
hello
```

enumeratorAtPath: 方 法 将 目 录 下 的 文 件 和 子 目 录 内 容 枚 举 出 来 了， 但 是 directoryContentsAtPath:方法只枚举了 lee 目录下的内容。默认的情况下，如果目录下存在子目录，那么 enumeratorAtPath: 方法会枚举子目录下的文件。通过向枚举对象发送一条 skipDescendants 消息，可以停止递归过程（即不显示子目录内容），比如：

```
[dirEnum skipDescendents];
```

8.3 操作文件数据（NSData）

在读取文件数据时，一般先把数据读到缓冲区；当往文件写数据时，是把缓冲区的内容写到文件中去。在基础框架中，可以使用 NSData 类来设置缓冲区，换句话说，可以把 NSData 对象当作缓冲区。我们看一个实际的例子。

【例 8-3】操作文件数据实例。

```
#import<Foundation/Foundation.h>

int main (int argc, const char * argv[]) {
```

```
@autoreleasepool{

    NSFileManager *fm;
    NSData *fd;

    fm = [NSFileManager defaultManager];

    fd = [fm contentsAtPath:@"readMe"];

    if (fd == nil) {
            NSLog(@"文件不能读取！");
            return 1;
    } else if ([fm createFileAtPath:@"readMe1" contents:fd
attributes:nil] == NO) {
            NSLog(@"文件不能创建!");
            return 1;
    }

    NSLog(@"复制后的文件内容为：");
    NSLog(@"%@",[NSString stringWithContentsOfFile:@"readMe1"
encoding:NSUTF8StringEncoding error:nil]);

    }
    return 0;
}
```

【程序结果】

复制后的文件内容为：
想认识"新老师"么？欢迎访问 www.xinlaoshi.com

在运行程序之前，需要在运行程序的路径下创建一个文件（本例是 readMe），并给文件加入一些内容（本例是，"想认识"新老师"么？欢迎访问 www.xinlaoshi.com"），具体做法请参阅前面的章节。

在上述程序中，首先创建 NSData 的对象 fd，然后调用 contentsAtPath:方法来指定一个文件路径名，并将指定文件的内容读入 NSData 存储区中。如果创建成功，则返回 NSData 对象，如果失败就会返回 nil。我们在程序中返回 1 来表示程序异常结束，返回 0 表示程序正常结束。然后使用 createFileAtPath:contents: attributes: 方法将 NSData 存储区的内容写入到一个文件中，其中 contents:参数是一个 NSData 对象（即文件内容所在的 NSData 存储区），attributes:参数为 nil 表示使用默认的属性值。

最后使用 stringWithContentsOfFile: encoding: error:方法将新创建的文件的内容读取出来并放到一个字符串中，然后将字符串打印到控制台上。

8.4 操作目录总结

有时需要在程序中获得临时目录来创建一些临时文件，或者从主目录中读取文件。NSTemporaryDirectory 方法就是返回临时目录。表 8-3 列出了同各种类型目录相关的方法。

表 8-3　同各种类型目录相关的方法

函数	说明
NSString *NSUserName(void)	返回当前用户的名称
NSString *NSFullUserName(void)	返回当前用户的完整名称
NSString *NSHomeDirectory(void)	返回当前用户主目录的路径
NSString *NSHomeDirectoryForUser(NSString *user)	返回 user 用户的主目录路径
NSString *NSTemporaryDirectory(void)	返回可以用于创建临时文件的临时目录

表 8-4 列出了同目录操作相关的方法。

表 8-4　同目录操作相关的方法

方法	说明
+(NSString *)pathWithComponents:components	根据 components 中的值构造路径
-(NSArray *)pathComponents	拆分路径，获得各个部分，并放入数组
-(NSString *)lastPathComponents	提取路径中最后一个组成部分（一般就是文件名）
-(NSString *)pathExtension	提取最后一个组成部分的扩展名（一般就是文件扩展名）
-(NSString *)stringByAppendingPathComponent:path	将 path 添加到现有路径的末尾
-(NSString *)stringByAppendingPathExtension:ext	将 ext 拓展名添加到路径最后一个组成部分
-(NSString *)stringByDeletingLastPathComponent	删除路径的最后一个组成部分
-(NSString *)stringByDeletingPathExtension	删除路径最后一个组成部分的扩展名
-(NSString *)stringByExpandingTildeInPath	将路径中的各个 "~" 符号转换为用户主目录（~）或者为一个指定用户的主目录（~user）
-(NSString *)stringByResolvingSymlinksInPath	解析路径中的符号链接
-(NSString *)stringByStandardizingPath	解析~、父目录符号（..）、当前目录符号（.）和符号链接来返回一个标准化路径

下面来看一个操作目录的例子。

【例 8-4】操作目录实例。

```
#import<Foundation/Foundation.h>
```

```
int main (int argc, const char * argv[]) {
    @autoreleasepool{

    NSFileManager *fm;
    NSString *fName = @"readMe.h";
    NSString *path,*tempDir,*extDir,*homeDir,*fullPath;
    NSString *testPath = @"~lee/sam/lee/../readMe.h";
    NSArray *dirArray;

    fm = [NSFileManager defaultManager];
    tempDir = NSTemporaryDirectory();

    NSLog(@"临时文件的目录是：%@",tempDir);

    path = [fm currentDirectoryPath];
    NSLog(@"当前的文件目录是：%@",[path lastPathComponent]);

    fullPath = [path stringByAppendingPathComponent:fName];
    NSLog(@"添加一个带扩展名的文件%@后的完整路径是%@",fName,fullPath);

    extDir = [fullPath pathExtension];
    NSLog(@"路径%@的扩展名是%@",fullPath,extDir);

    homeDir = NSHomeDirectory();
    NSLog(@"你的用户根路径是%@",homeDir);

    dirArray = [homeDir pathComponents];
    //输出路径的各个部分
    for(path in dirArray){
        NSLog(@"%@",path);
    }

    NSLog(@"%@",[testPath stringByStandardizingPath]);

    }
    return 0;
}
```

【程序结果】

临时文件的目录是：/var/folders/dI/dI9AlvBYH58lHiLkgeExjk+++TI/-Tmp-/
当前的文件目录是：Debug
添加一个带扩展名的文件 readMe.h 后的完整路径是/Users/lee/objc2.0/unit3/
    NSMember/build/Debug/readMe.h
路径/Users/lee/objc2.0/unit3/NSMember/build/Debug/readMe.h 的扩展名是 h
你的用户根路径是/Users/lee

```
/
Users
lee
/Users/lee/sam/readMe.h
```

上面代码首先创建一些程序中需要使用的对象和变量，其中 fm 为 NSFileManager 对象，用于执行一些文件管理方法。fName 是一个带扩展名的文件名，path 存放当前路径，tempDir 存放临时路径，extDir 存放扩展名，homeDir 存放用户根路径，fullPath 存放完整的路径，testPath 存放一个我们用于测试的完整路径。dirArray 用于存放目录中各个组成部分名称的数组（在本例中，是主目录的各个组成部分）。

我们使用 NSTemporaryDirectory 方法返回系统中可以用来创建临时文件的目录路径名称。读者要注意的是，如果在此目录下创建了文件，那么在使用完毕之后一定要记得删除，并且保证临时文件名的唯一性。我们使用 lastPathComponent 方法来获取路径中的最后一个文件/目录名称。在这个例子中，结果是 Debug。

使用 stringByAppendingPathComponent：方法将事先定义的带扩展名的文件名放入路径的木尾，即：

```
/Users/lee/objc2.0/unit3/NSMember/build/Debug/readMe.h
```

然后使用方法 PathExtension 可以取得路径中最后一个部分（即文件）的扩展名，如果没有扩展名，该方法就返回空的字符串。例子的扩展名是 h。

NSHomeDirectory 函数返回当前用户的主（根）目录：

```
你的用户根路径是/Users/lee
```

使用 PathComponents 方法可以返回一个数组，这个数组包含指定路径的每个组成部分，我们使用快速枚举方法将其全部打印到控制台上，所以得到这样的结果：

```
/
Users
lee
```

最后使用了 stringByStandardizingPath 方法，这可以解析那些使用了一些目录的缩写符号的路径名称。比如：

```
NSString *testPath = @"~lee/sam/lee/../readMe.h";
```

解析完毕以后成为了：

```
/Users/lee/sam/readMe.h
```

可以看出，系统将"~"解析为/Users/，将"../"解析为上一个目录。

8.5 文件的读写（NSFileHandle）

有时需要更精确地处理文件中的内容，比如，每次读写文件中的几个字符。这就需要使用 NSFileHandle 类。表 8-5 列出了 NSFileHandle 类的常用方法。

表 8-5　NSFileHandle 类的常用方法

方法	说明
+(NSFileHandle *)fileHandleForReadingAtPath:path	为进行读取操作打开一个文件
+(NSFileHandle *)fileHandleForWritingAtPath:path	为进行写入操作打开一个文件
+(NSFileHandle *)fileHandleForUpdatingAtPath:path	为进行更新操作打开一个文件
-(NSData *)availableData	返回在设备或者通道那里可读的数据
-(NSData *)readDataToEndOfFile	读取数据，直到文件的末尾
-(NSData *)readDataOfLength:(unsigned int)bytes	从文件中读取指定大小的字节内容
-(void)writeData:data	将 data 写入文件
-(unsigned long long)offsetInFile	获取当前文件的偏移量
-(void)seekToFileOffset:offset	设置当前文件的偏移量
-(unsigned long long)seekToEndOfFile	将当前文件的偏移量定位到文件的末尾
-(void)truncateFileAtOffset:offset	将文件的长度设置为 offset 大小（单位为字节）
-(void)closeFile	关闭文件

下面来看一个使用 NSFileHandle 进行文件读写的例子。

【例 8-5】文件读写实例。

```
#import<Foundation/Foundation.h>

int main (int argc, const char * argv[]) {
  @autoreleasepool{
    NSFileHandle *file1,*file2;
    NSData *fd;

    file1 = [NSFileHandle fileHandleForReadingAtPath:@"readMe"];

    if (file1 == nil) {
        NSLog(@"打开文件进行读取操作失败！");
        return 1;
    }

    [[NSFileManager defaultManager]createFileAtPath:@"readMe1"
                            contents:nil  attributes:nil];
```

```
        file2 = [NSFileHandle fileHandleForWritingAtPath:@"readMe1"];

        if (file2 == nil) {
                NSLog(@"打开文件进行写入操作失败！");
                return 1;
        }

        [file2 truncateFileAtOffset:0];
        fd = [file1 readDataToEndOfFile];
        [file2 writeData:fd];

        NSLog(@"将文件 1 读取的内容写入文件 2 以后：");
        NSLog(@"%@",[NSString stringWithContentsOfFile:@"readMe1"
encoding:NSUTF8StringEncoding error:nil]);

        [file2 seekToEndOfFile];
        [file2 writeData:fd];

        NSLog(@"将我们的文件 1 的内容复制到文件 2 的末尾后：");
        NSLog(@"%@",[NSString stringWithContentsOfFile:@"readMe1"
encoding:NSUTF8StringEncoding error:nil]);
        [file1 closeFile];
        [file2 closeFile];
        }
        return 0;
}
```

【程序结果】

```
将文件 1 读取的内容写入文件 2 以后：
想认识"新老师"么？欢迎访问 www.xinlaoshi.com
将我们的文件 1 的内容复制到文件 2 的末尾后：
想认识"新老师"么？欢迎访问 www.xinlaoshi.com
想认识"新老师"么？欢迎访问 www.xinlaoshi.com
```

在上述代码中，首先创建了两个 NSFileHandle 类型的对象，一个用于读取内容的文件；另一个用于写文件：

```
NSFileHandle *file1,*file2;
```

使用 fileHandleForReadingAtPath:方法来初始化 file1，方法后面跟着的参数是我们将要读取的文件名称：

```
file1 = [NSFileHandle fileHandleForReadingAtPath:@"readMe"];
```

readMe 是第 8.3 节中所创建的文件，里面只有一句话：

想认识"新老师"么？欢迎访问 www.xinlaoshi.com

然后使用 NSFileManager 对象创建一个文件：

```
[[NSFileManager defaultManager]createFileAtPath:@"readMe1"
                                        contents:nil
                                        attributes:nil];
```

使用 truncateFileAtOffset:方法，将新创建的文件设置为 0 字节大小。

```
[file2 truncateFileAtOffset:0];
```

通过 NSData 对象，读取第一个文件的内容，并写入刚刚创建好的文件中：

```
fd = [file1 readDataToEndOfFile];
[file2 writeData:fd];
```

将这个文件的内容打印到控制台上：

```
NSLog(@"%@",[NSString stringWithContentsOfFile:@"readMe1"
encoding:NSUTF8StringEncoding error:nil]);
```

将 file2 的光标移到文件的末尾，然后将 file1 中的内容再写入一次，使 file2 有双份 file1 的内容：

```
[file2 seekToEndOfFile];
[file2 writeData:fd];
```

最后我们要记得关闭 file1 和 file2.

```
[file1 closeFile];
[file2 closeFile];
```

8.6　NSProcessInfo

NSProcessInfo 类用于获取当前正在执行的进程信息，比如，当前机器的名称、操作系统类型等。

8.6.1　NSProcessInfo 方法

表 8-6 列出了 NSProcessInfo 的常用方法。

表 8-6　NSProcessInfo 的常用方法

方法	说明
+(NSProcessInfo *) processInfo	返回当前进程的信息
–(NSArray *) arguments	返回程序执行的参数。比如，有一个 rename 程序，带了两个参数（source 和 target）。即：用户执行了 rename source target。那么这个方法返回 rename、source 和 target
–(NSDictionary *) environment	返回当前环境变量和它的值。比如，PATH 变量和其值
–(int) processIdentifier	返回进程号（操作系统分配给该进程的号）
–(NSString *) processName	返回进程名称
–(NSString *) globallyUniqueString	让系统生成一个唯一的字符串（比如，作为一个主键值，或者一个临时文件的名字）。这个值是保证了不重的
–(NSString *) hostName	返回主机名
–(NSUInteger) operatingSystem	返回操作系统信息（是一个数字，5 表示 Mac 操作）
–(NSString *) operatingSystemName	返回操作系统名称。比如，Mac 操作系统的名称是 NSMACHOperatingSystem
–(NSString *) operatingSystemVersionString	返回操作系统的版本信息

8.6.2　NSProcessInfo 实例

下面来看一个 NSProcessInfo 的实际例子。

【例 8-6】NSProcessInfo 实例。

```
#import<Foundation/Foundation.h>

int main (int argc, const char * argv[]) {
    @autoreleasepool{

    NSProcessInfo *proc = [NSProcessInfo processInfo];

    NSArray *args = [proc arguments];
    for(NSString *str1 in args){
            NSLog(@"当前进程的参数为：%@",str1);
    }

    NSString *pn = [proc processName];
    NSString *hn = [proc hostName];
    NSLog(@"当前进程的进程名为%@，进程的主机名%@",pn,hn);

    NSString *osn = [proc operatingSystemName];
    NSInteger os = [proc operatingSystem];
```

```
    NSString *osvs = [proc operatingSystemVersionString];
    NSLog(@"当前系统的名称为：%@操作系统代表数字为：%i 当前系统的版本号为：
%@",osn,os,osvs);

}

    return 0;
}
```

【程序结果】

```
当前进程的参数为：
/Users/lee/objc2.0/unit3/ProcessInfoTest/build/Debug/ProcessInfoTest
当前进程的进程名为 ProcessInfoTest，进程的主机名 lee-alexmatomac.local
当前系统的名称为：NSMACHOperatingSystem 操作系统代表数字为：5 当前系统的版本号为：
Version 10.8.2 (Build 10F569)
```

在上面的例子程序中，首先使用 NSProcessInfo 类的 processInfo 返回当前的信息，这是一个 NSProcessInfo 类的对象。我们取得这个对象，并调用这个对象的一些常用方法，把这些信息打印到控制台上。

其中 arguments 方法返是一个数组，我们使用快速枚举方法将数组中的元素全部打印出来，发现数组中只有一个元素，也就是说当前进程只有一个参数。如果一个程序需要多个参数（比如，如果执行一个 rename 程序，在执行时提供两个参数值 old 和 new），那么，arguments 方法会返回多个参数（针对前面的例子，会返回 rename、old 和 new）。

然后调用 NSProcessInfo 类对象的方法，返回当前进程的进程信息、主机信息和系统信息。

8.6.3 NSArray 和 NSProcessInfo 综合例子

这个例子综合使用了 NSArray、NSProcessInfo、NSCountedSet 以及 NSEnumerator。在这个例子中，读者会看到一些没有介绍过的类，这些类会在例子的解释中介绍。在终端输入应用程序的名称并带入几个字母参数（中间用空格隔开），应用程序就能够执行，并且把键入的字母参数排序后输出，如图 8-1 所示。

【例 8-7】综合实例。

```
#import<Foundation/Foundation.h>

int main (int argc, const char * argv[]) {
@autoreleasepool{

    NSArray *arr = [[NSProcessInfo processInfo]arguments];
    NSCountedSet *cset1 = [[NSCountedSet alloc] initWithArray:arr];
    NSArray *sorted_arr = [[cset1 allObjects]sortedArrayUsingSelector:
        @selector(compare:)];
```

```
    NSEnumerator *enmr = [sorted_arr objectEnumerator];
    id letter;
    while (letter = [enmr nextObject]) {
            printf("%s\n",[letter UTF8String]);
    }

}

    return 0;
}
```

【程序结果】

```
lee-alexmatomac:~ lee$ ./Sort j k z a f a
/Users/lee/Sort
a
f
j
k
z
```

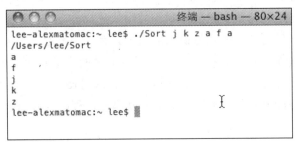

图 8-1　程序结果

细心的读者可能发现，我们输入了 6 个参数，但是程序的输出只打印出了 5 个参数，这是因为我们输入了两个相同的字母 a，程序会去掉了相同的字母。那么，程序是如何做到去除重复的字母并排序的呢？

首先通过 processInfo 方法创建了一个 NSProcessInfo 的对象，并且调用了它的 arguments 方法，这个方法会将键入的参数保存到一个数组中，而参数就成为了数组的值。这里定义了一个名为 arr 的数组接收这些参数。

```
NSArray *arr = [[NSProcessInfo processInfo]arguments];
```

程序使用了 NSCountedSet 的 initWithArray: 方法将保存在数组中.的参数，存入 NSCountedSet 对象中，这样的操作会去除重复的参数。

```
NSCountedSet *cset1 = [[NSCountedSet alloc] initWithArray:arr];
```

接着调用 cset1 的 allObjects 方法，返回一个包含 cset1 元素的数组，并且调用它的 sortedArrayUsingSelector: 方法对数组中的元素进行排序，具体的方法是通过选择器所指向的

compare:方法实现的。再将排序后的元素返回成另一个数组 sorted_arr。

```
NSArray *sorted_arr = [[cset1
allObjects]sortedArrayUsingSelector:@selector(compare:)];
```

将去除重复参数的排序结果存入 NSEnumerator 的对象中，以便将参数枚举出来。

```
NSEnumerator *enmr = [sorted_arr objectEnumerator];
```

通过 NSEnumerator 对象 enmr 中的 nextObject 方法，将其中的对象取出来，赋给 letter，并且打印到屏幕上。当 nextObject 返回为 nil 的时候，这个 while 就结束了。通过这样的方式，就可以去掉重复的参数，并且排序，最后把结果打印到了屏幕上。

```
while (letter = [enmr nextObject]) {
        printf("%s\n",[letter UTF8String]);
    }
```

所以最终的结果也就不难理解，有关更多 NSCountedSet 和 NSEnumerator 的知识，请读者查阅苹果公司的官方文档。

第 9 章

内存管理

从本章节可以学习到：

- ❖ 内存管理的基本原理
- ❖ ARC
- ❖ 内存泄露
- ❖ 垃圾回收（Garbage-collection）
- ❖ copy、nonatomic

在 iOS5 之前，内存管理是开发人员不得不面对的事。不正确的管理内存时常会引起程序崩溃或者内存泄漏，你的内存被应用占用的越来越多，最后可能一点也不剩下。这是因为对象本身是一个指针，指向一块内存区域。每个对象都有一个 retain 计数器，当计数器为 0 时，系统自动释放内存。庆幸的是，从 iOS5 开始，开发人员可以使用 ARC 来让系统自动管理内存。

9.1 内存管理的基本原理

在 iOS5 之前，当你使用 alloc 创建了一个对象时，你需要在用完这个对象后释放（release）它。比如：

```
// string1 会自动释放内存
NSString* string1 = [NSString string];
// string2 需要手工释放
NSString* string2 = [[NSStringalloc] init];
...
[string2 release];
```

当一个对象从内存上删除前，系统就自动调用 dealloc 方法。在 iOS5 之前的程序中，我们往往在 dealloc 方法中释放成员变量的内存，比如：

```
- (void) dealloc
{
    [name release];
    [address release];
    [superdealloc];
}
```

前两行调用 release 来释放两个成员变量所占用的内存。最后一行（[super dealloc];）让父类清除它自己。整个 Objective-C 都使用对象引用，而且每个对象有一个引用计数器。当使用 alloc（或者 copy）方法创建一个对象时，其计数器的值为 1。调用 retain 方法就增加 1，调用 release 方法就减少 1。当计数器为 0 时，系统自动调用 dealloc 方法来释放在内存中的对象。比如，在 iOS5 之前的程序中：

```
Member *member = [[Member alloc] init]; //执行后，计数器为 1
[member retain]; //执行后，计数器为 2
[member release]; //执行后，计数器为 1
[member release]; //执行后，计数器为 0；系统自动调用 dealloc 方法
//在释放之后，如果调用该对象的任何一个方法，应用就会异常中止
[memberhasPoints];
```

Objective-C 的内存管理系统基于引用记数。在 iOS5 之前的程序中，我们需要跟踪引用，以及在运行期内判断是否真的释放了内存。简单来说，每次调用了 alloc 或者 retain 之后，我们都必须要调用 release。

9.1.1　申请内存（alloc）

当使用 alloc 创建了一个对象时，需要在用完这个对象后释放（release）它，你不需要自己去释放一个被设置为自动释放（autorelease）类型的对象，假如真的这样去做的话，应用程序将会崩溃。读者可以体会下面的例子：

```
// string1 会自动释放内存
NSString* string1 = [NSString string];
// string2 需要手工释放
NSString* string2 = [[NSStringalloc] init];
…
[string2 release];
```

为了简单起见，可以认为被设置为自动释放（autorelease）的对象会在当前方法调用完成后被释放。

9.1.2　释放内存（dealloc）

当一个对象从内存上删除之前，系统就自动调用 dealloc 方法，这是释放成员变量的内存的最好时机，比如，释放前面 alloc 的 name 和 address。

```
- (void) dealloc
{
    [name release];
    [address release];
    [superdealloc];
}
```

代码的前两行调用 release 来释放两个成员变量所占用的内存。相对而言，用标准的 release 比用 autorelease 更快一点。最后一行（[super dealloc];）非常重要，必须要调用这个方法来让父类清除它自己。假如不这么做的话，这个对象其实没有被清除干净，存在内存泄露。

在垃圾回收机制下，dealloc 不会被调用到，取而代之的是，需要实现 finalize 方法。

9.2 ARC

ARC 是 Automatic Reference Counting（自动引用计数）的简称。ARC 是 iOS5 新特征。在 iOS5 的代码中，你不再需要通过 retain 和 release 的方式来控制一个对象的生命周期。你所要做的就是构造一个指向一个对象的指针，只要有指针指向这个对象，那么这个对象就会保留在内存中，当这个指针指向别的物体或者是说指针不复存在的时候，那么它之前所指向的这个对象也就不复存在了。

我们来看下面这个例子：

```
NSString* firstName = self.textField.text;
```

在这个例子中 firstName 就是这个 NSString 对象的指针，那么 firstName 也就是它的拥有者（owner），一个物体可以有多个拥有者（owner），如果用户没有改变 textField 中输入的值的话，那么 self.textField.text 也是这个@‖曹操‖的指针，如图 9-1 所示。

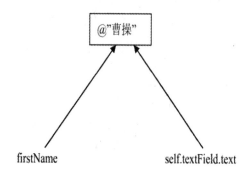

图 9-1 字符串指针

当用户改变了 textField 当中的文字以后，那么 self.textField.text 就会指向新的文字（@"刘备"），但是 firstName 还是之前的文字（@"曹操"），所以之前的文字还是保存在内存当中，如图 9-2 所示。

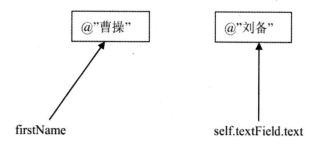

图 9-2 改变值之后

当 firstName 指向新的对象或者是程序执行到这个变量的范围之外：一个情况是这个变量

是一个本地变量,方法结束了;还有个情况就是这个变量是一个对象的实例变量,这个对象被释放掉了。那么这个字符变量就没有任何的拥有者了,从而它的 retain count 就会减为 0,这个对象就被释放掉了,如图 9-3 所示。

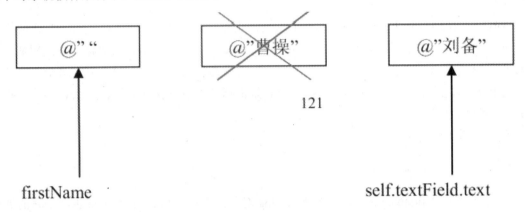

图 9-3　对象释放

我们把 firstName 和 self.textField.text 这样的指针叫做强(strong)指针,因为它们能够左右一个对象的生命周期,默认的情况下,实例变量或者是本地变量都是强指针(类似之前的 retain)。当然,相对应的也有弱指针,这一类的指针虽然指向对象,但是它们并不是这个对象的拥有者,我们可以如下声明一个弱指针:

_weakNSString* weakName = self.textField.text;

这个 weakName 和 self.textField.text 指向的是同一个字符串,但是由于它不是这个字符串的一个拥有者,所以当字符串的内容改变以后,它就不会有拥有者,那么就被释放掉了。当这种情况发生的时候,weakName 的值就会自动地变为 nil。这样就不会让这个 weak 指针指向一块已经被回收的内存。

在通常的情况下,我们不会经常使用弱指针,当两个对象存在一种类似于父子关系的时候,我们会用到它:parent 拥有一个 child 的强指针,但是反过来,child 却只有 parent 的一个弱指针。一个很典型的例子就是 delegate(后面开发模式中会介绍),你的 view controller 通过一个强指针保存一个 UITableView 对象,那么这个 table view 的 delegate 和 data source 就会用一个弱指针指向这个 view controller,如图 9-4 所示。

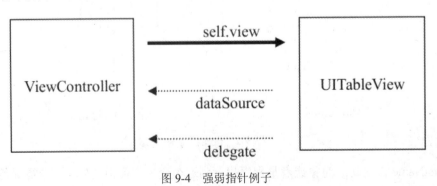

图 9-4　强弱指针例子

我们可以在 property 当中声明一个对象的这个属性，如下所示：

```
@property (nonatomic, strong) NSString* firstName;
@property (nonatomic, weak) id<MyDelegate> delegate;
```

通过 ARC，我们不用考虑什么时候该 retain 或者是 release 一个对象了。你关心的只是各个对象之间创建时的关系，也就是谁拥有谁的问题。比如：

```
idobj = [array objectAtIndex];
[array removeObjectAtIndex:0];
NSLog(@‖%@‖,obj);
```

如果是在 iOS5 之前，那么，在手动内存的管理机制下，如果你把一个对象从一个 array 中移除的话，那么这个对象的内存也马上就会释放掉了，之后再将它 NSLog 出来一定会让程序崩溃。在 ARC 的机制下，上面的代码就没有问题了，因为我们让数组中的这个对象用 obj 这个 strong 类型的指针拥有了，那么即使我们从数组中移除了这个对象，我们还是保持住这个对象的内存没有被释放。

ARC 帮你省下了很多的 retain 或者是 release 的工作，但是你也不能完全忘记这个内存管理的规则。我们知道强指针会成为一个 object 的拥有者，会让一个对象保留在内存当中，但有的时候你还是需要把它们手动设置为 nil，否则你的程序可能把内存用完了。如果你对每一个你创建的对象都保持有一个指针，那么 ARC 就没有机会来释放它们。所以当你创建一个对象的时候，你还是要考虑一下拥有关系，和这个对象要存在多久。

ARC 是 iOS5 的一个特征。苹果公司当然是希望开发者都来使用这个新的机制开发应用。

我们的原来写的一些代码可能就跟 ARC 有些不兼容。庆幸的是，我们可以在同一个工程中使用 ARC 风格的代码和非 ARC 风格的代码。ARC 同样也和 C++能够很好地结合在一起。程序员在代码中应该尽量使用 ARC。

9.3 内存泄露

Objective-C 程序中的对象可构成对象图：即通过每个对象与其他对象的关系，或对其他对象的引用，而构成的一个对象网络。对象具有的引用可以是一对一或一对多（通过集对象）。对象图很重要，因为它是对象存在多久的一个要素。编译器检查对象图中的引用强度，并在合适的地方添加保留和释放消息。

你通过基本 C 和 Objective-C 结构（如全局变量、实例变量和局部变量）在对象之间形成引用。其中每个结构都附带有隐含的作用范围；例如，被局部变量引用的对象的作用范围，正是声明它的函数块。同样重要的是，对象之间的引用还有强弱之分。强引用表示从属关系；引用对象拥有被引用的对象。弱引用则暗示引用对象不拥有被引用的对象。一个对象的寿命是由它被强引用多少次来决定的。只要对象还存在强引用，就不会释放该对象。

默认情况下，Objective-C 中的引用是强引用。这通常是件好事，让编译器能够管理对象的运行时长，这样对象就不会在你使用时被释放。但是，一不小心，对象之间的强引用会形成一个不能断开的引用链，如下图左侧所示。这种不间断链可以导致运行时不释放任何对象，因为每个对象都具有强引用。结果，强引用循环可导致程序发生内存泄漏。

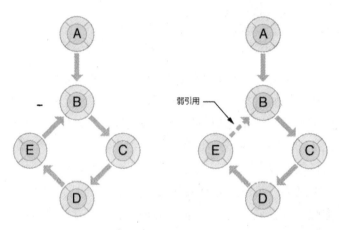

图 9-5　对象强弱引用

对于图中的对象，如果断开 A 和 B 之间的引用，则包含 B、C、D 和 E 的子图形将"永远"存在，因为这些对象通过强引用循环绑定在一起。通过引入 E 至 B 的弱引用，你断开了此强引用循环。

对强引用循环的解决之道，在于明智地使用弱引用。运行时同时跟踪对象的弱引用和强引用。一个对象未被强引用时，该对象将被释放，对该对象的所有弱引用都会设定为 nil。对于变量（全局、实例和局部），请在变量名称前面使用 __weak 限定符，以将引用标记为弱。有关属性，请使用 weak 选项。

9.4 垃圾回收（Garbage-collection）

垃圾回收（Garbage-collection）是 Objective-C 提供的一种自动内存回收机制，可以让程序员减轻许多内存管理的负担（即无须使用 release 和 autorelease），也减少程序员犯错的机会。在程序的生命周期中，系统负责自动回收那些没有引用与之相连的对象所占用的内存，这种内存回收的过程就叫垃圾回收。值得注意的是，iPhone/iPad 运行环境并不支持垃圾回收。

如图 9-6 所示，你可以启用垃圾回收功能，这个功能启用之后，所有的 retain、autorelease、release 和 dealloc 方法都将被系统忽略。

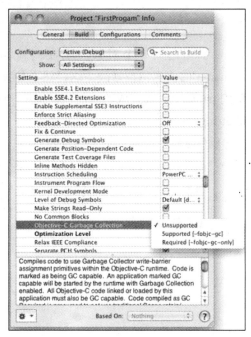

图 9-6 垃圾回收功能

9.5 copy、nonatomic

对于字符串类型的属性变量，我们经常使用下面类似的语句：

```
@property (nonatomic, copy) NSString *name;
```

这条语句就等价于：

```
-(void) setName: (NSString *) theName
{
    if (theName != name) {
     [name release]
     name = [theName copy];
    }
}
```

那么，为什么要使用 copy 呢？如果直接使用下面的语句，结果将如何呢？

```
-(void) setName: (NSString *) theName
{
    name = theName;
    }
```

```
}
```

结果是 name 和 theName 都指向同一个对象。当在调用 setName:方法之后，如果 theName 的值被修改，那么，name 的值也将被修改，这显然不是我们想要的结果。所以，使用 copy 来复制 theName 的值到 name 上，其完成的功能就是调用一个 alloc 方法来创建一个新的字符串对象（使用 initWithString:theName）。

在多线程程序中，两个或多个线程可能在同一个时间执行同一个代码。为了防止这种现象的发生，开发人员可以使用互斥锁。nonatomic 的意思是不需要使用互斥锁，atomic 是使用互斥锁。缺省选项是 atomic。如果你的程序并没有使用多线程，可以把互斥锁设置为 nonatomic。

第 10 章

数据保存

从本章节可以学习到：

- ❖ XML 属性列表
- ❖ NSKeyedArchiver
- ❖ 保存多个对象到一个文件

我们经常需要保存一些数据到本地文件上，当然，也需要读取本地文件上的数据。Objective-C 提供了多个类来实现这些功能。在术语上，数据保存叫做归档（archive），而把数据读取叫做 unarchive。

10.1 XML 属性列表

XML 属性列表（即多行的键-值对）可以用来保存和读取数据。对于 NSData、NSString、NSNumber、NSDate、NSArray 或 NSDictionary 类，可以使用这些类中的 writeToFile:atomically:方法把这些类数据写到文件中。比如：

```
[contactArraywriteToFile:filePathatomically:YES];//把数组写到文件中
```

上面的调用中设置 atomically 为 YES。这时，系统首先把数据写到一个辅助文件中，当确认写成功后，系统才把文件重命名到指定位置。对于 NSArray 和 NSDictionary 类，所写的文件中的内容是 XML 属性列表。我们来看两个完整的例子。第一个例子是写数组内容到文件中：

```
NSArray *array = [NSArrayarrayWithObjects:@"Foo",
[NSNumbernumberWithBool:YES],
[NSDate dateWithTimeIntervalSinceNow:60],
nil];
[arraywriteToFile:@"MyArray.plist" atomically:YES];
```

生成的文件为：

```
<?xml version="1.0" encoding="UTF-8"?>
<!DOCTYPEplist PUBLIC "-//Apple//DTD PLIST 1.0//EN"
"http://www.apple.com/DTDs/PropertyList-1.0.dtd">
<plist version="1.0">
<array>
<string>Foo</string>
<true/>
<date>2010-11-04T09:26:18Z</date>
</array>
</plist>
```

第二个例子是写字典内容到文件中：

```
NSDictionary *dict = [NSDictionarydictionaryWithObjectsAndKeys:
@"Zhenghong", @"Name",
[NSNumber numberWithInt:36], @"Age",
```

```
nil];
[dictwriteToFile:@"MyDict.plist" atomically:YES];
```

生成的文件为：

```
<?xml version="1.0" encoding="UTF-8"?>
<!DOCTYPEplist PUBLIC "-//Apple//DTD PLIST 1.0//EN"
"http://www.apple.com/DTDs/PropertyList-1.0.dtd">
<plist version="1.0">
<dict>
<key>Name</key>
<string>Zhenghong</string>
<key>Age</key>
<integer>36</integer>
</dict>
</plist>
```

下面来看一个实例：

```
#import<Foundation/Foundation.h>

int main (intargc, const char * argv[]) {
@autoreleasepool{

NSDictionary *dict1 = [NSDictionarydictionaryWithObjectsAndKeys:
  @"Sam",@"Name",
  @"Male",@"Sex",
  [NSNumber numberWithInt:36],@"Age",
  @"yangzhenghong@sina.com",@"Email",
  @"www.xinlaoshi.com",@"Website",
nil];

if ([dict1 writeToFile:@"Sam" atomically:YES] == NO) {
NSLog(@"生成 xml 文件失败!");
}
}
return 0;
}
```

值得读者注意的是，上述代码生成的 XML 文件默认是在以当前项目命名的文件夹下的 /build/Debug 文件夹内。例如，笔者的项目名称叫 UseXML，所生成的 XML 文件位于 UseXML/build/Debug 下。我们将生成的 XML 文件打开作为程序结果。

【程序结果】

```
<?xml version="1.0" encoding="UTF-8"?>
<!DOCTYPEplist PUBLIC "-//Apple//DTD PLIST 1.0//EN"
```

```
"http://www.apple.com/DTDs/PropertyList-1.0.dtd">
<plist version="1.0">
<dict>
<key>Age</key>
<integer>36</integer>
<key>Email</key>
<string>yangzhenghong@sina.com</string>
<key>Name</key>
<string>Sam</string>
<key>Sex</key>
<string>Male</string>
<key>Website</key>
<string>www.xinlaoshi.com</string>
</dict>
</plist>
```

在上面的例子中，通过将 writeToFile:atomically:encoding:error: 消息发送给字典对象 dict1，使这个字典以属性列表的形式写到文件 Sam 中。atomically 设置为 YES 表示将内容写入临时文件中，若操作成功才会将数据写到指定的文件中。在生成的 XML 文件中，可以看到它是以一种键值对的形式将字典的内容写入文件的。由于是字典，所以字典中的键都是 NSString 对象，数组中的元素或字典中的值可以是 NSString、NSArray、NSDictionary、NSDate、NSData 或者 NSNumber 对象。

我们也可以直接从文件中读数据到 NSArray 和 NSDictionary 对象中，比如，NSArray 的读方法是 arrayWithContentsOfFile，NSDictionary 的读方法是 dictionaryWithContentsOfFile，NSData 类的方法是 dataWithContentsOfFile，NSString 类的方法是 stringWithContentsOfFile。下面看一个实例，它可以读取上面刚刚创建的文件：

```
#import<Foundation/Foundation.h>

int main (intargc, const char * argv[]) {
    @autoreleasepool{

    NSDictionary *dict1;
    dict1 = [NSDictionarydictionaryWithContentsOfFile:@"Sam"];

    for(NSString *key in dict1){
        NSLog(@"%@:%@",key,[dict1 objectForKey:key]);
    }

    }
    return 0;
}
```

【程序结果】

```
Sex:Male
Website:www.xinlaoshi.com
Name:Sam
Email:yangzhenghong@sina.com
Age:36
```

在上面程序中，我们将 XML 文件中的属性全部读取了出来并打印到控制台上。另外在 MAC OS X 系统中，还可以使用 Property List Editor 程序来创建属性列表。

10.2　NSKeyedArchiver

当把 NSDictionary 类上的数据保存到属性列表时，键必须是 NSString 对象，值可以是 NSData、NSString、NSNumber、NSDate、NSArray 或 NSDictionary 对象。对于数组，元素值可以是 NSData、NSString、NSNumber、NSDate、NSArray 或 NSDictionary 对象。NSKeyedArchiver 也可以保存类的数据到文件上，而且没有上述限制。通过这个类，可以保存除了 NSData、NSString、NSNumber、NSDate、NSArray 或 NSDictionary 之外的类数据到文件上。NSKeyedArchiver 要求每个被保存的值都有一个键。

比如，定义了一个 Member 类，想要使用 NSKeyedArchiver 把 Member 对象保存到文件上。那么，首先需要在这个类上提供 encodeWithCoder:和 initWithCoder:方法，前一个方法告诉系统怎么编码对象，后一个方法告诉系统怎么解码对象。这两个方法在 NSCoding 协议上定义。从编程的角度出发，编码方法就是告诉系统怎么保存对象上的实例变量值。然后，调用 NSKeyedArchiver 的 archiveRootObject:toFile:方法来保存对象数据到文件上，调用 unArchiveObjectWithFile:方法来读取文件上的数据，下面看一个实例。

【例 10-1】 NSKeyedArchiver 实例。

Member.h 的代码如下：

```
#import<Foundation/Foundation.h>

@interface Member : NSObject<NSCoding> {
    NSString *name;
    int age;
    NSString *sex;
    float height;
}

@property (copy,nonatomic)NSString *name,*sex;
@propertyint age;
```

```
@property float height;
@end
```

Member.m 的代码如下：

```
#import "Member.h"

@implementation Member
@synthesizename,sex,age,height;

-(void) encodeWithCoder:(NSCoder *)aCoder{
    [aCoderencodeObject:nameforKey:@"MemberName"];
    [aCoderencodeInt:ageforKey:@"MemberAge"];
    [aCoderencodeFloat:heightforKey:@"MemberHeight"];
    [aCoderencodeObject:sexforKey:@"MemberSex"];
}

-(id)initWithCoder:(NSCoder *)aDecoder{
    name =[aDecoderdecodeObjectForKey:@"MemberName"];
    age = [aDecoderdecodeIntForKey:@"MemberAge"];
    height = [aDecoderdecodeFloatForKey:@"MemberHeight"];
    sex = [aDecoderdecodeObjectForKey:@"MemberSex"];

    return self;
}

@end
```

MemberTest.m 的代码如下：

```
#import<Foundation/Foundation.h>
#import "Member.h"

int main (intargc, const char * argv[]) {
    @autoreleasepool{

    Member *member1 = [[Member alloc]init];
    Member *member2;

    [member1setName:@"Sam"];
    [member1 setAge:36];
    [member1setSex:@"Male"];
    [member1 setHeight:1.78f];

    [NSKeyedArchiver archiveRootObject:member1toFile:@"member.arch"];

    member2 = [NSKeyedUnarchiverunarchiveObjectWithFile:@"member.arch"];
```

```
    NSLog(@"name is %@,age is %i,sex is %@,height is %g",[member2
name],[member2 age],[member2 sex],[member2 height]);

}
return 0;
}
```

【程序结果】

```
name is Sam,age is 36,sex is Male,height is 1.781
```

在例子中，首先定义了一个类，设置了四个属性，并且让编译器自动添加获取和设置属性的方法。值得注意的是，我们所遵循的协议是 NSCoding：

```
@interface Member : NSObject<NSCoding>
```

通过遵循这个协议，我们才能实现 encodeWithCoder:和 initWithCoder:方法完成编码和解码的工作。然后，在实现文件中添加了下述方法：

```
-(void) encodeWithCoder:(NSCoder *)aCoder{
    [aCoderencodeObject:nameforKey:@"MemberName"];
    [aCoderencodeInt:ageforKey:@"MemberAge"];
    [aCoderencodeFloat:heightforKey:@"MemberHeight"];
    [aCoderencodeObject:sexforKey:@"MemberSex"];
}

-(id)initWithCoder:(NSCoder *)aDecoder{
    name =[aDecoderdecodeObjectForKey:@"MemberName"];
    age = [aDecoderdecodeIntForKey:@"MemberAge"];
    height = [aDecoderdecodeFloatForKey:@"MemberHeight"];
    sex = [[aDecoderdecodeObjectForKey:@"MemberSex"]retain];

    return self;
}
```

对于编码和解码方法，你可以使用不同的方法来进行每个元素的编码和解码。比如，对于类，可以使用 encodeObject:forKey 方法进行编码，通过 decodeObjectForKey:方法进行这个对象的解码。表 10-1 列出了简单数据类型的元素编码和解码的方法。

表 10-1　简单数据类型的元素编码和解码的方法

数据类型	编码方法	解码方法
BOOL	encodeBool:forKey:	decodeBool:forKey:
Int	encodeInt:forKey	decodeInt:forKey
Float	encodeFloat:forKey	decodeFloat:forKey
Double	encodeDouble:forKey	decodeDouble:forKey

下面我们分析一下为对象进行编码的 encodeWithCoder:方法。它传入了一个 NSCoder 对象作为参数。因为 Member 直接继承了 NSObject 类，所以，不需要针对 NSCoder 做任何操作。如果 Member 继承了 ClassA，而 ClassA 继承了 NSObject 类，而且 ClassA 有自己的实例变量，那么，只需要调用下述方法来编码父类上的实例变量（假设 ClassA 符合 NSCoding 协议）：

```
[superencodeWithCoder: aCoder];
```

在上面的 encodeWithCoder 方法中，我们根据实例变量的不同类型，调用了不同的 encodeObject 方法对各个属性进行编码。需要注意的是，在使用这些方法的时候要指定一个键名，例如：

```
[aCoderencodeInt:ageforKey:@"MemberAge"];
```

age 的键名是 MemberAge。在解码的时候需要这个键名。为了避免冲突，一般使用类名加属性名来命名键名。

解码的过程正好相反，传递给 initWithCoder:方法一个 NSCoder 对象，通过使用相应的解码方法，和编码时使用的键名，就能顺利地将存入的对象取出来。

在测试类中，我们创建了 Member 对象，设置属性，通过 NSKeyedArchiver 类的 archiveRootObject:toFile:方法将对象存入一个文件中。本例是把 member 对象存入 member.arch 文件中：

```
[NSKeyedArchiver archiveRootObject:member1toFile:@"member.arch"];
```

然后使用 NSKeyedUnarchiver 类的 unarchiveObjectWithFile:方法将保存在文件中的对象取出来，其中 member.arch 是文件名：

```
member2 = [NSKeyedUnarchiverunarchiveObjectWithFile:@"member.arch"];
```

最后调用对象的获取属性的方法，将从文件中读取的值打印到控制台上：

```
NSLog(@"name is %@,age is %i,sex is %@,height is %g",[member1
name],[member1 age],[member1 sex],[member1 height]);
```

10.3 保存多个对象到一个文件

在前面两节中，我们提到了两种方式来保存单个对象到文件上。那么，如果要保存两个对象（比如，一个是 Member 对象，一个是 NSString 对象）或更多个对象到一个文件上，而不是两个或多个文件上，那该怎么办呢？这时，可以使用 NSData 和 NSKeyedArchiver 来完成上述操作。下面先看一个例子。

首先创建了一个新类 Point，包含了两个实例变量 x 和 y。

Point.h 的代码如下：

```
#import<Foundation/Foundation.h>

@interfacePointA : NSObject<NSCoding> {
     float x;
     float y;
}
@property float x,y;
@end
```

Point.m 的代码如下：

```
#import "Point.h"

@implementationPointA

@synthesizex,y;
//编码
-(void) encodeWithCoder:(NSCoder *)aCoder{
     [aCoderencodeFloat:xforKey:@"PointX"];
     [aCoderencodeFloat:yforKey:@"PointY"];
}
//解码
-(id) initWithCoder:(NSCoder *)aDecoder{
     x = [aDecoderdecodeFloatForKey:@"PointX"];
     y = [aDecoderdecodeFloatForKey:@"PointY"];
     return self;
}
@end
```

测试程序 ClassTest.m 的代码如下：

```
#import<Foundation/Foundation.h>
#import "Member.h"
#import "Point.h"

int main (intargc, const char * argv[]) {
     @autoreleasepool{

     Member *member1 = [[Member alloc]init];
     Member *member2;
     NSMutableData *nsmd;
     NSData *nsdt;
```

```
        NSKeyedArchiver *nska;
        NSKeyedUnarchiver *nskua;
        PointA *p1 = [[PointAalloc]init];
        PointA *p2;
        //一个 Member 对象
        [member1 setName:@"Sam"];
        [member1 setAge:36];
        [member1 setSex:@"Male"];
        [member1 setHeight:1.78f];
      //一个 Point 对象
        [p1 setX:2.1f];
        [p1 setY:2.5f];

        nsmd = [NSMutableData data];
      //创建一个 NSKeyedArchiver 对象，指定存储空间
        nska = [[NSKeyedArchiveralloc]initForWritingWithMutableData:nsmd];
        //编码
        [nska encodeObject:p1 forKey:@"mypoint"];
        [nska encodeObject:member1 forKey:@"mymember"];
        [nskafinishEncoding]; //编码结束
        //写到文件上
        if ([nsmdwriteToFile:@"myArchive" atomically:YES] == NO) {
            NSLog(@"写入文件失败");
        }

        NSLog(@"读取文件开始");
        //读文件数据
        nsdt = [NSDatadataWithContentsOfFile:@"myArchive"];
        if (! nsdt) {
            NSLog(@"读取文件失败");
            return 1;
        }
        //从数据空间中读出数据
        nskua = [[NSKeyedUnarchiveralloc]initForReadingWithData:nsdt];
        member2 = [nskuadecodeObjectForKey:@"mymember"];
        p2 = [nskuadecodeObjectForKey:@"mypoint"];
        //打印数据
        NSLog(@"name is %@,age is %i,sex is %@,height is %g",[member2
name],[member2 age],[member2 sex],[member2 height]);
        NSLog(@"point.x is %g,point.y is %g",[p2 x],[p2 y]);
        //解码完毕
        [nskuafinishDecoding];
    }
return 0;
}
```

【程序结果】

```
读取文件开始
name is Sam,age is 36,sex is Male,height is 1.78
point.x is 2.1,point.y is 2.5
```

在这个测试程序中，我们创建了一个 NSKeyedArchiver 类的对象 nska 之后，通过调用对象的 initForWritingWithMutableData:方法，指定要保存归档数据的存储空间，这也就是前面创建的 NSMutabledata 对象 nsmd。

```
nsmd = [NSMutableData data];
nska = [[NSKeyedArchiveralloc]initForWritingWithMutableData:nsmd];
```

然后，就可以向 NSKeyedArchiver 对象发送编码信息，从而归档程序中的对象。在调用 finishEncoding 方法之前，所有编码信息都会被存储在指定的数据空间 nsmd 中。

```
[nska encodeObject:p1 forKey:@"mypoint"];
[nska encodeObject:member1 forKey:@"mymember"];
[nskafinishEncoding];
```

在上述代码中，有两个不同的对象需要编码：一个是 Member 对象 member1；另一个是 PointA 对象 p1。对于这些对象，可以使用 encodeObject:forKey:方法来编码。我们已经在类实现代码中实现了编码和解码的方法（Point.m 中的代码已经实现，而 Member.m 我们也在前面实现了）。当编码这两个对象完成时，需要调用 NSKeyedArchiver 对象的 finishEncoding 方法，告诉系统编码已经结束。

在完成了上述的操作后，归档对象都保存在 NSMutableData 对象 nsmd 中了，现在是时候把这些对象写入文件了：

```
[nsmdwriteToFile:@"myArchive" atomically:YES]
```

使用 writeToFile:atomically:encoding:error:方法将数据写入文件 myArchive 中，写入文件成功就返回 YES，失败就返回 NO。这里使用 if 语句做一个判断，从而可以做一些错误处理。

保存多个对象到一个文件的操作就这样完成了。下面我们从那个归档文件中读取数据，读数据的步骤正好和写入文件的步骤相反。首先要分配一个数据空间（NSData 对象），然后把归档文件中的数据读入该数据空间，再调用 dataWithContentsOfFile: 方法将刚刚创建的文件中的数据读到 NSData 对象 nsdt。如果 nsdt 的值为空，那么读取失败，这时在控制台上打印错误信息。

```
nsdt = [NSDatadataWithContentsOfFile:@"myArchive"];
     if (! nsdt) {
          NSLog(@"读取文件失败");
          return 1;
```

```
    }
```

接着创建一个 NSKeyedUnarchiver 对象，并调用 initForReadingWithData:方法，从而告知它从数据空间中解码数据。然后调用解码方法 decodeObjectForKey:来解码归档的对象。

```
nskua = [[NSKeyedUnarchiveralloc]initForReadingWithData:nsdt];
member2 = [nskuadecodeObjectForKey:@"mymember"];
p2 = [nskuadecodeObjectForKey:@"mypoint"];
```

在所有的操作完成之后，为 NSKeyedUnarchiver 对象执行 finishDecoding 方法，从而通知系统解码完毕。

```
[nskuafinishDecoding];
```

10.4 综合实例

下面演示一个"新老师"俱乐部会员管理的实例。这个实例既是对前面知识点的一个总结，又是对大家综合能力的一个考验。首先定义了一个 Membership 类，其中包含两个属性和三个方法，具体的含义会在代码的注释部分说明。

Membership.h 的代码如下：

```
#import<Foundation/Foundation.h>
@interface Membership  : NSObject<NSCoding> {
    NSString   *name;
    //用此属性来存储会员的名字
    NSString   *telephone;
    //用此属性来存储会员的电话号码
}
@property (nonatomic, copy) NSString *name, *telephone;
//让编译器生成属性的获取和设置方法
-(void) setName: (NSString *) theNameandTelephone: (NSString *)
theTelephone;
//构建这个方法来一次性设置两个属性，简化操作
-(NSComparisonResult) compareNames: (id) element;
//属性中值排序的比较方法
-(void) print;
//将属性的值打印到控制台上
@end
```

Membership.m 的代码如下：

```
#import "Membership.h"
```

```
@implementation Membership
@synthesize name, telephone;
-(void) setName: (NSString *) theNameandTelephone: (NSString *)
theTelephone
{
    [selfsetName: theName];
    [selfsetTelephone: theTelephone];
    //将形参中的值设置为属性值
}

-(NSComparisonResult) compareNames: (id) element
{
    return [name  compare: [element name]];
    //通过 compare:方法比较属性的大小，将结果返回
}
-(void) print
{
    NSLog (@"会员姓名是: %@",name);
    NSLog (@"电话号码是: %@",telephone);
    //将属性值打印出来
}
-(void) encodeWithCoder: (NSCoder *) encoder
{
    [encoderencodeObject: nameforKey: @"MembershipName"];
    [encoderencodeObject: telephoneforKey: @"MembershipTelephone"];
    //添加属性的编码方法
}
-(id) initWithCoder: (NSCoder *) decoder
{
    name =[decoderdecodeObjectForKey: @"MembershipName"];
    telephone =[decoderdecodeObjectForKey: @"MembershipTelephone"];
    //将数据解码并赋值给对象
    returnself;
}
@end
```

创建的第二个类是 YourClub 类，它的主要作用是存储会员对象，并添加了一些会员对象的常用方法，具体的含义请参阅代码的注释部分。

YourClub.h 的代码如下：

```
#import<Foundation/Foundation.h>
#import "Membership.h"
@interfaceYourClub: NSObject<NSCoding>
{
    NSString            *clubName;
    //用于存储俱乐部的名字
```

```
        NSMutableArray      *club;
    //用于存储会员对象
}
@property (nonatomic, copy) NSString *clubName;
@property (nonatomic, copy) NSMutableArray *club;
-(id)    initWithName: (NSString *) name;
//初始化俱乐部的相关属性
-(void) sort;
//为俱乐部中的会员排序
-(void) addMember: (Membership *) theMember;
//为俱乐部添加会员
-(void) removeMember: (Membership *) theMember;
//从俱乐部删除某个会员
-(int)   entries;
//返回俱乐部的人数
-(void) list;
//将俱乐部中的会员打印出来
-(Membership *) lookup: (NSString *) theName;
//寻找俱乐部中的某个会员
@end
```

YourClub.m 的代码如下：

```
#import "YourClub.h"
@implementationYourClub
@synthesize club, clubName;
// 初始化俱乐部的名字然后创建一个俱乐部数组
-(id) initWithName: (NSString *) name{
    self = [super init];
    if (self) {
        clubName = [[NSStringalloc] initWithString: name];
      //为俱乐部设置一个名字
        club = [[NSMutableArrayalloc] init];
      //初始化一个俱乐部数组
    }
    return self;
//将初始化好的对象返回
}
-(void) sort
{
    [clubsortUsingSelector: @selector(compareNames:)];
    //俱乐部数组中的元素的排序方法，选择器指向 compareNames:方法
    //具体的细节，请读者参阅 7.3.2 排序部分
}
-(void) addMember: (Membership *) theMember
{
    [clubaddObject: theMember];
```

```
        //为俱乐部数组添加对象
}
-(void) removeMember: (Membership *) theMember
{
        [clubremoveObjectIdenticalTo: theMember];
        //将俱乐部数组中的指定对象删除
}
-(int) entries
{
        return  [club count];
        //拿到俱乐部数组的元素个数
}
-(void) list
{
        NSLog (@"%@会员列表: ", clubName);
        for ( Membership *theMember in club )
            NSLog (@"%-10s    %-10s", [theMember.name UTF8String],
                    [theMember.telephone UTF8String]);
        //通过快速枚举方法，将俱乐部数组中的会员逐个打印出来
}

-(Membership *) lookup: (NSString *) theName
{
        for ( Membership *nextMember in club )
            if ( [[nextMember name] caseInsensitiveCompare: theName] ==
NSOrderedSame )
            //将俱乐部数组中的成员的名字依次和指定会员名字进行比较，相同则返回会员
                returnnextMember;
        return nil;
}
-(void) encodeWithCoder: (NSCoder *) encoder
{
        [encoderencodeObject:clubNameforKey: @"YourClubName"];
        [encoderencodeObject:clubforKey: @"YourClub"];
        //添加该俱乐部类的属性的编码方法
}
-(id) initWithCoder: (NSCoder *) decoder
{
        clubName = [decoder decodeObjectForKey: @"YourClubName"];
        club =[decoder decodeObjectForKey: @"YourClub"];
        //将数据解码并赋值给对象
        return self;
}
@end
```

测试类 ClubTest.m 的代码如下：

```objective-c
#import<Foundation/Foundation.h>
#import "Membership.h"
#import "YourClub.h"

int main (intargc, const char * argv[]) {
    @autoreleasepool{

    Membership *member1 = [[Membership alloc]init];
    Membership *member2 = [[Membership alloc]init];
    Membership *member3 = [[Membership alloc]init];
    Membership *member4 = [[Membership alloc]init];
    Membership *member5 = [[Membership alloc]init];
    //我们创建了五个会员，前四个用于添加到会员数组中
    //第五个会员用于存储我们查找会员的结果

    [member1setName:@"Alex" andTelephone:@"112233"];
    [member2setName:@"Sam" andTelephone:@"223344"];
    [member3setName:@"Kimi" andTelephone:@"334455"];
    [member4setName:@"Lee" andTelephone:@"445566"];
    //为我们的四个会员设置相关的属性

    YourClub * club1 = [YourCluballoc];
    YourClub * club2 = [YourCluballoc];
    //我们创建了两个俱乐部对象，club1用于保存新老师会员的相关信息
    //club2用于存储从文件中读取的会员信息

    club1 = [club1 initWithName:@"新老师"];
    //为club1设置俱乐部名字

    [club1 addMember:member1];
    [club1 addMember:member2];
    [club1 addMember:member3];
    [club1 addMember:member4];
    //将四个会员添加到club1中

    NSLog(@"新老师共拥有的会员数为：%i",[club1 entries]);
    printf("\n");

    [club1 list];
    //将我们添加的会员打印到控制台上
    printf("\n");
    NSLog(@"寻找会员 Sam");

    member5 = [club1 lookup:@"Sam"];
    //在club1中查找名叫Sam的会员
```

```
if (member5 == nil) {
    NSLog(@"没有此会员的信息");
} else {
    NSLog(@"该用户是我们的会员");
    [member5 print];
}
//若返回的对象是 nil 则表示无该会员，否则将会员的详细信息打印到控制台

printf("\n");
NSLog(@"寻找会员 leee（我们并没有这位会员）");

member5 = [club1 lookup:@"leee"];
if (member5 == nil) {
    NSLog(@"没有此会员的信息");
} else {
    NSLog(@"该用户是我们的会员");
    [member5 print];
}

printf("\n");
NSLog(@"我们对会员进行排序（根据姓名升序排列）：");
[club1 sort];
//将 club1 中的会员排序
[club1 list];
//将排序后的会员打印出来

printf("\n");
NSLog(@"删除用户 Alex：");
member5 = [club1 lookup:@"Alex"];
//先使用查找方法寻找这个会员

if (member5 == nil) {
    NSLog(@"没有此会员的信息，无法删除");
} else {
    [club1 removeMember:member5];
    NSLog(@"删除用户成功！");
    NSLog(@"删除该用户后的会员列表为：");
    [club1 list];

}
//若这个会员存在，就从 club1 中删除它；若不存在，则打印信息到控制台上。
printf("\n");

NSLog(@"将 club1 文件写入文件 club1.arch");
if ([NSKeyedArchiver archiveRootObject:club1
```

```
        toFile:@"club1.arch"] == NO) {
            NSLog(@"写入文件失败！");
        }else {
            NSLog(@"写入文件成功");
        }
        //将 club1 文件写入文件 club1.arch
        //这个方法需要依靠属性的编码方法

        printf("\n");
        NSLog(@"从 club1.arch 文件中读取数据");
        club2 = [NSKeyedUnarchiverunarchiveObjectWithFile:@"club1.arch"];
        if (club2 == nil) {
            NSLog(@"读取文件失败！");
        }else {
            NSLog(@"读取文件成功！");
            [club2 list];
        }
        //从 club1.arch 文件中读取数据并赋值给对象
        //这个方法需要依靠属性的解码方法

    }

    return 0;
}
```

【程序结果】

新老师共拥有的会员数为：4

新老师会员列表：
Alex	112233
Sam	223344
Kimi	334455
Lee	445566

寻找会员 Sam
该用户是我们的会员
会员姓名是：Sam
电话号码是：223344

寻找会员 leee(我们并没有这位会员)
没有此会员的信息

我们对会员进行排序（根据姓名升序排列）：
新老师会员列表：
Alex	112233
Kimi	334455
Lee	445566

```
Sam              223344

删除用户 Alex：
删除用户成功！
删除该用户后的会员列表为：
新老师会员列表：
Kimi             334455
Lee              445566
Sam              223344

将 club1 文件写入文件 club1.arch
写入文件成功

从 club1.arch 文件中读取数据
读取文件成功！
新老师会员列表：
Kimi             334455
Lee              445566
Sam               223344
```

    这个例子是目前为止我们遇到的最为复杂的例子。通过这个例子的学习，可以将前面的内容联系到了一起；如果读者遇到不能理解的地方，请参阅前面的基础内容进行再次学习。

第 11 章

AppKit 和 UIKit

从本章节可以学习到：

❖ 图形化用户界面和 Cocoa

❖ AppKit

❖ UIKit

❖ 多线程（NSOperation 和 NSOperationQueue）

在前面 10 章，我们都是使用 NSLog 在控制台上输出结果。在 iPhone/iPad 上，所有的应用程序都有图形化界面。正如我们在第 1 章所提到的，Xcode 同 Interface Builder（界面创建器）集成在一起，通过界面创建器，读者可以创建图形化用户界面。Xcode 还提供了调试工具，帮助你开发 Objective-C 应用程序。

11.1 图形化用户界面和 Cocoa

提供图形化界面的那些框架被统称为 Cocoa。它包含两个框架：基础框架和应用工具（Appkit）框架。前面几章讲解了基础框架下的各个类。后一个框架为我们提供了窗口、按钮、滚动条、文本框等图形化对象。在 Mac 操作系统和 iPhone/iPad 上的邮件程序、Safari 等都是 Cocoa 应用程序。整个系统从顶向下分成五层，如图 11-1 所示。

- 操作系统内核：同硬件的通信、管理内存、执行 I/O 等。
- 核心服务：文件管理、网络、线程管理等。
- 应用服务：支持打印和图像，包括 OpenGL 等。
- Cocoa：管理窗口、视图等。

图 11-1 软件系统

iPhone/iPad 所运行的操作系统叫做 iOS。在 Cocoa 这一层，叫做 Cocoa Touch。Cocoa 和 Cocoa Touch 都使用相同的基础框架。但是，在 Cocoa Touch 上，另一个框架是 UIKit，而不是 AppKit。在 Cocoa Touch 上，增加了一些类来支持 GPS、触摸等功能。考虑大多数读者学习 Objective-C 的目的是为了开发 iPhone/iPad 应用程序，读者应该以 Cocoa Touch 为主。

关于 Cocoa 的更多内容，读者可以参考下面的网站：

- http://developer.apple.com/cocoa/
- http://developer.apple.com/library/mac/documentation/Cocoa/Conceptual/CocoaFundament als/CocoaFundamentals.pdf
- http://www.cocoadevcentral.com
- http://www.cocoadev.com/

11.2 AppKit

AppKit 框架提供了界面上的所有对象，比如按钮、菜单等。在界面创建器（Interface Builder）中，开发人员把界面对象和代码关联，从而，当对象上的某个事件发生时，相关的代码就被调用。在 AppKit 上的所有类都继承自 NSObject。在 AppKit 的类层次树上，你会发现，很多界面对象类都继承自 NSResponder 类（该类继承自 NSObject 类），比如，NSApplication、NSWindow 和 NSView 等。这个类定义了一个响应链（读者可以理解为：存放一些用于响应事件的对象），比如，当你按下按钮时，产生一个事件，然后，系统在响应链上寻找同这个事件关联的对象。最后，同这个对象的这个事件相关联的代码就被执行。

每个应用程序都是一个 NSApplication 实例，这个实例把事件发送到应用下的窗口对象。开发人员一般实现 NSApplication 对象的委托（回调）方法，从而控制着整个应用，比如，调用哪个窗口。窗口是 NSWindow 对象。在窗口下，可以有多个视图（NSView 对象）。NSWindow 对象处理窗口层面上的事件，并把其他事件发送到它的视图上。NSView 是所有窗口对象的超类。NSView 上有一个 drawRect:方法，NSView 的子类（比如按钮）都重写了这个方法。在 AppKit 上，还有一些其他类，比如 NSPanel、NSMenu、NSScrollView、NSTextField 等，它们都是某一个界面对象类。

NSImage 对象是一个图像对象。通过指定一个图像文件，可以在界面上显示图像。另外，AppKit 上还提供了 NSColor 等类来提供不同的颜色，NSAffineTransform 等类还提供了图像的旋转等功能。

NSPrinter 等类提供了打印和传真功能。AppKit 还包含了其他类。有兴趣的读者，可以阅读苹果公司的开发文档。

AppKit 框架下的类层次如图 11-2 所示。

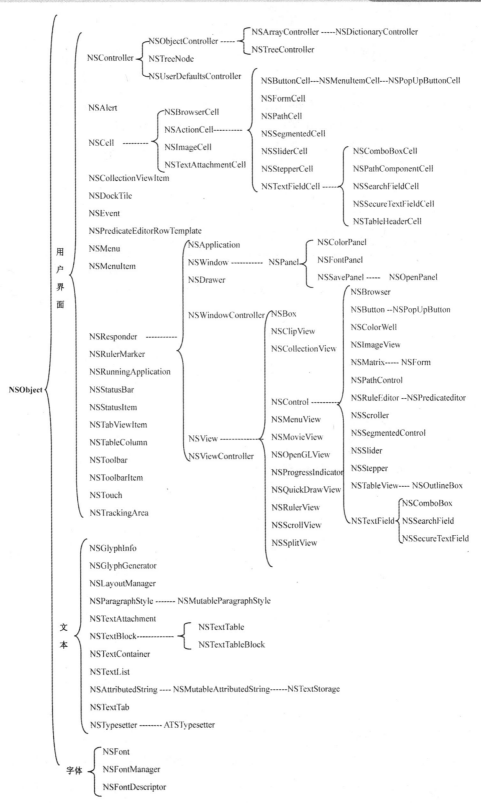

图 11-2 AppKit 框架下的类层次

11.3 UIKit

UIKit 是 iOS（iPad/iPhone 运行的操作系统）上的 AppKit 的变种，用于为 iOS 应用程序提供界面对象和控制器。与 AppKit 类似，UIKit 框架有 UIResponder，也采用事件（UIEvent 类）机制。另外，iOS 上的应用程序都是一个 UIApplication 实例。表 11-1 是 UIKit 上的一些常用对象类。

表 11-1　UIKit 上的一些常用对象类

类名	界面创建器上的对象	功能
UIButton		按钮，你可以设置按钮上的文字、图像等属性。这个对象侦听触摸事件。当用户触摸（如单击）按钮时，这个对象调用事件关联的目标对象（比如一个控制器类）上的某一个方法
UILabel	Label	标签，用于显示不可更改的文本，并会随着文本的大小改变自身的大小
UISlider		滑动条，通过滑动来选择某一个范围的值（比如，1~100 之间）。只允许用户选择其中的一个值
UIDatePicker		日期选择器，显示一个多栏旋转的轮子，用于让用户选择日期和时间
UISegmentedControl	1 2	分段控制器，显示多个分段按钮，每个分段按钮的功能类似独立的按钮
UITextField	Text	文本输入框。用户单击这个输入框时，键盘出现，从而用户输入文本。当用户单击回车键时，键盘消失
UISwitch		开关，显示一个布尔类型元素，当用户选择其中的一种状态的时候，改变元素的值（比如，是否隐藏字幕）
UITableView		表视图，可以按照多种风格（比如 plain、sectioned 和 grouped 风格）来显示数据。比如，通信录上的人员信息是使用这个类实现的
UITextView		文本视图，在一个可拖动的视图中显示多行可编辑文本。用户单击这个文本视图时，键盘出现，从而用户输入文本。当用户单击回车键时，键盘消失
UIImageView		图片视图，显示一张单独的图片或者由一组图片组成的动画

（续表）

类名	界面创建器上的对象	功能
UIWebView		网页视图，能够显示网页内容，并且包含导航功能
UIScrollView		滚动视图，提供一种机制显示比应用程序窗口更多的内容
UIView		视图，是窗口（或父视图）上的一个矩形区域，用于显示 UI 对象和接收事件
UIsearchBar		搜索栏，它显示一个可以编辑的搜索栏，其中包括搜索图标。用户单击这个搜索栏时，键盘出现，从而用户输入文本。当用户单击回车键时，键盘消失
UINavigation Bar		导航栏，用于显示一个导航栏
UITabBar		标签栏，在视图的底部显示一定数目的标签，用户可以单击不同的标签

我们将在下一章编写一个 iPhone 程序，这个程序就会使用 UIKit 中的一些界面对象类。

11.4 多线程（NSOperation 和 NSOperationQueue）

在网络应用程序中，经常要使用多任务处理来提高应用程序的性能，即在同一时间，有多个处理同时进行。例如，同时进行多个文件下载，同时进行多个 HTTP 请求等。这一般都是通过多线程完成的。另外，多线程编程也是为了防止主线程堵塞，增加运行效率的方法。比如，如果主线程从网上下载一个很大的图片，那么，给用户的感觉是整个应用程序死掉了。所以，可以把这个下载操作放在一个线程中，在主线程中调用这个线程让它在后台处理，主线程序可以显示一些其他信息，比如显示一些"正在装载"等文字信息。

在 Cocoa 中，NSOperation 类提供了一个优秀的多线程编程方法。很多编程语言都支持多线程处理应用程序，但是多线程程序往往一旦出错就会很难处理。庆幸的是，苹果公司在这方面做了很多改进，例如在 NSThread 上新增了很多方法，还新增了两个类 NSOperation 和 NSOperationQueue，从而让多线程处理变得更加容易。

在多线程中，可以同时进行多个操作。NSOperation 对象就是一个操作，比如，装载网页内容的一个操作。在 Objective-C 上，一个具体的操作（比如网页装载）是一个继承 NSOperation 的类。在这个类中，至少需要重写一个-(void)main 方法。线程（NSOperation）自动调用 main 方法，main 方法就是线程要执行的具体操作。在下面的例子中，PageLoadOperation 继承了 NSOperation，并实现了 main 方法。一般而言，可以利用其初始化方法来传入所需要的参数和对象，比如 PageLoadOperation 的 initWithURL:方法用来设置要装载的网址。

使用 NSOperation 的最简单方法就是将其放入 NSOperationQueue 中，NSOperationQueue 是存放多个操作的队列。一旦一个 NSOperation 对象被加入 NSOperationQueue，该队列就会启动并开始处理它（即调用它的 main 方法），当操作完成后，队列就会释放它。

下面创建一个 Cocoa Application 例子来演示使用 NSOperation 和 NSOperationQueue 完成多线程处理。

应用代理类 AppDelegate.h 的代码如下：

```
#import<Cocoa/Cocoa.h>


@interfaceAppDelegate : NSObject {
    NSOperationQueue *queue; //线程队列
}

+ (id)shared;
- (void)pageLoaded:(NSXMLDocument*)document;

@end
```

AppDelegate.m 的代码如下：

```
#import "AppDelegate.h"
#import "PageLoadOperation.h"

@implementationAppDelegate
staticAppDelegate *shared;
staticNSArray *urlArray;
 - (id)init
{
    if (shared) {
        [self autorelease];
        return shared;
    }
    if (![super init]) return nil;
    //设置要访问的网址
NSMutableArray *array = [[NSMutableArrayalloc] init];
    [array addObject:@"http://www.xinlaoshi.com"];
```

```
    [array addObject:@"http://www.yunwenjian.com"];
    [array addObject:@"http://www.108fang.com"];
    [array addObject:@"http://www.baidu.com"];
urlArray = array;
    //[queue setMaxConcurrentOperationCount:2];
    queue = [[NSOperationQueuealloc] init];
    shared = self;
    return self;
}

- (void)applicationDidFinishLaunching:(NSNotification *)aNotification
{    //把各个操作添加到队列中
    for (NSString *urlString in urlArray) {
        NSURL *url = [NSURL URLWithString:urlString];
PageLoadOperation *plo = [[PageLoadOperationalloc] initWithURL:url];
        [queue addOperation:plo];
        [plo release];
    }
}



+ (id)shared;
{
    if (!shared) {
        [[AppDelegatealloc] init];
    }
    return shared;
}
//用于打印网页内容
- (void)pageLoaded:(NSXMLDocument*)document;
{
NSLog(@"xml 文档是：%@", document);
}

@end
```

线程操作类 PageLoadOperation.h 的代码如下：

```
#import<Cocoa/Cocoa.h>

@interfacePageLoadOperation : NSOperation {
    //需要使用多线程的类要继承 NSOperation
    NSURL *targetURL;
}
```

```
@property(retain) NSURL *targetURL;

- (id)initWithURL:(NSURL*)url;

@end
```

PageLoadOperation.m 的代码如下：

```
#import "PageLoadOperation.h"
#import "AppDelegate.h"

@implementationPageLoadOperation

@synthesizetargetURL;
 //获取要访问的网址
- (id)initWithURL:(NSURL*)url;
{
if (![super init]) return nil;
    [selfsetTargetURL:url];
return self;
}

//线程完成的操作。本例访问网址，并把该网址的内容放到一个 NSXMLDocument 对象上
- (void)main {
    //将 targetURL 的值返回为 webpageString 对象
NSString *webpageString = [[[NSStringalloc]initWithContentsOfURL:[self
targetURL]] autorelease];

    NSError *error = nil;
    //访问网址，并把该网址的网页内容放到一个 NSXMLDocument 对象上
    NSXMLDocument *document = [[NSXMLDocumentalloc]
initWithXMLString:webpageStringoptions:NSXMLDocumentTidyHTMLerror:&error];
if (!document) {
        //当 document 为 nil 的时候打印错误信息
NSLog(@"错误信息: (%@): %@", [[self targetURL] absoluteString], error);
return;
    }

        //拿到 AppDelegate 对象并且调用主线程上的打印方法
    [[AppDelegate shared]
performSelectorOnMainThread:@selector(pageLoaded:)
withObject:document
waitUntilDone:NO];
}

@end
```

【程序结果】

```
xml 文档是：<!DOCTYPE html PUBLIC "-//W3C//DTD XHTML 1.0 Transitional//EN"
"http://www.w3.org/TR/xhtml1/DTD/xhtml1-transitional.dtd"><html
xmlns="http://www.w3.org/1999/xhtml"><head><meta http-equiv="Content-Type"
content="text/html; charset=utf-8" /><title>新老师-学网上课程交圈内朋友</title>
...
xml 文档是：<!DOCTYPE html PUBLIC "-//W3C//DTD XHTML 1.0 Transitional//EN"
"http://www.w3.org/TR/xhtml1/DTD/xhtml1-
transitional.dtd"><html><head><title>云文件</title>
...
xml 文档是：<!DOCTYPE html PUBLIC "-//W3C//DTD XHTML 1.0 Transitional//EN"
"http://www.w3.org/TR/xhtml1/DTD/xhtml1-
transitional.dtd"><htmlxmlns="http://www.w3.org/1999/xhtml"><head><meta
http-equiv="Content-Type" content="text/html; charset=utf-8" />
<title>108 方手机应用平台</title>
...
xml 文档是：<!doctype html><html><head><meta http-equiv="Content-Type"
content="text/html;charset=gb2312"><title>百度一下，你就知道</title>
...
```

下面分析一下这段程序执行过程，由于是一个 Cocoa Application 应用程序，所以系统会先执行委托类 AppDelegate 下的初始化方法- (id)init 进行一些初始化设置。在这个委托方法上，首先判断 shared 是否已经初始化过。若初始化过，则直接返回结果；若是应用程序第一次调用初始化方法，则就初始化 urlArray 数组，并将要用线程访问的各个网站地址装入其中，随后初始化 shred 和 NSOperationQueue 的对象 queue。在应用装载结束以后，系统会调用另一个委托方法 applicationDidFinishLaunching:方法，在这个方法中，我们遍历存入 urlArray 数组中的网站地址字符串，将其依次转换为 NSURL 对象。与此同时，创建同等数量的 PageLoadOperation 对象，并将转换好的 NSURL 对象设置为各个 PageLoadOperation 对象的属性 targetURL。我们还将初始化好的 PageLoadOperation 对象加入到 queue 队列上。

在队列中每加入一个线程操作后，队列都会为其分配一个 NSThread 来启动它，并运行操作的 main 方法。一旦操作完成，线程就会报告给队列以让队列释放该操作。

在 PageLoadOperation 类的 main 方法上，根据前面设置好的 targetURL 属性值，将该网址转换为字符串对象 webpageString，并且加入自动释放池。利用转换好的 webpageString 对象初始化 NSXMLDocument 对象，并访问这个网站，把内容放在 NSXMLDocument 对象上。如果在加载网站内容过程中发生错误，就会打印错误信息。如果没有错误，就调用主线程的 pageLoaded 方法，从而打印网页内容到控制台上，然后任务结束。队列会在 main 方法结束后自动释放该线程。

这个例子展示了 NSOperation 和 NSOperationQueue 最基本的使用。实例中的大部分代码与 NSOperation 和 NSOperationQueue 的设定和使用无关，都是一些业务实现代码。NSOperation 本身所需要的代码非常少，但是通过这少量的代码就可以在应用中轻松地使用多线程，从而为用户提供更好的并发性能。另外，在 init 方法中，有一句代码：

```
//[queue setMaxConcurrentOperationCount:2];
```

这是用来设置线程的个数。如果去掉上面的注释，那么，线程队列就被限制为只能同时运行两个操作，剩余的操作就需要等待这两个操作中的任一个完成后才有可能被运行。

```
            223344

删除用户 Alex:
删除用户成功！
删除该用户后的会员列表为：
新老师会员列表：
Kimi            334455
Lee             445566
Sam             223344

将 club1 文件写入文件 club1.arch
写入文件成功

从 club1.arch 文件中读取数据
读取文件成功！
新老师会员列表：
Kimi            334455
Lee             445566
Sam              223344
```

这个例子是目前为止我们遇到的最为复杂的例子。通过这个例子的学习，可以将前面的内容联系到了一起；如果读者遇到不能理解的地方，请参阅前面的基础内容进行再次学习。

第 12 章

设计模式

从本章节可以学习到：

❖ MVC 模式

❖ Target-Action 模式

❖ Delegation 模式

❖ 基于设计模式的其他框架设计

iOS 开发架构是基于面向对象的技术。开发人员可以采用 MVC（Model、View 和 Controller）模式。该模式将一个应用程序中的对象按照其扮演的角色分成 M、V 和 C 三类。开发人员也可以采用另外两种模式：Target-Action（目标-操作）模式和 Delegation（委托）模式。在实际开发中，这三种模式经常一起使用。

12.1 MVC 模式

我们来举一个例子说明 MVC 模式。假设小王来到北京王府井，想要喝豆浆。启动了一个"城市查询"的手机应用，点击"豆浆"。手机具有当前位置的信息，所以，手机应用知道小王在王府井，并知道小王在查询附近卖豆浆的饭馆。最后饭馆信息就显示在手机应用上。这个手机应用就包含了MVC三部分：

- M：模型（Model）。应该是一个或多个类，存放了各个位置的各类饭馆信息。读者可以把 M 想象为数据的提供者。
- V：显示界面，又称视图（View），即在手机上显示界面并作出响应。比如：显示查询的界面，从而用户可以选择各个类别（烤鸭、鱼头、海鲜等等）；显示查询的结果，比如：饭馆的具体位置、价格信息等等。
- C：控制器（Controller），即连接 M 和 V。当用户选择"豆浆"查询条件时，控制器就以"豆浆"为输入参数来调用模型，在获得模型的返回结果后，送给 V 来逐个显示。概括来说，当 M 发生更改时，更新 V；当用户操作 V 时，查询或更新 M。

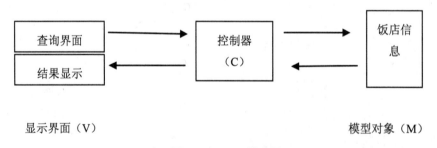

图 12-1 MVC 模式图示

对于 V（界面）上，苹果为 iPhone 提供了很全的类。对于模型，那完全是开发人员开发和设计的。比如：饭店信息的保存和查询等。对于控制器，iPhone 提供了一些控制器类，如：导航栏控制器和工具栏控制器。如图 12-2 所示，你单击右图上方的"杭州"按钮，就可以回到上一页。这个功能是导航控制器完成的。对于 C，开发人员还是需要大量开发自己的视图控制器。

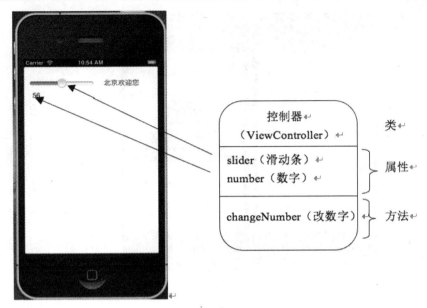

图 12-2　控制器类和 UI 对象的关系

12.1.1　View（视图）

MVC 的"V"在 XIB 文件中。从手机用户的角度，整个界面是一个窗口。从 iPhone/iPad 程序的角度，整个界面的根也是窗口，是 UIWindow 类的实例（确切地说，一个应用是一个 UIApplication 实例，UIApplication 有一个窗口，是 UIWindow 实例）。在这个窗口中的对象（如：文本信息，图片等）叫做视图（View），是在窗口之下。UIView 类定义了视图的基本属性和方法。这些视图主要包括两类：

- 显示数据的视图，如：图像视图、文本（Label）视图等。图 12-1 上面的数字 56 和文字"北京欢迎您"都是文本视图（UILabel）类。
- 响应用户操作的视图，如：按钮、工具栏、文本输入框、滑动条等。这个响应操作的视图有时也叫控件。图 12-1 上面的滑动条就是控件。它们都是 UIControl 的子类，而 UIControl 本身是 UIView 的子类。

有些视图具有上述两个功能，比如：表视图。如图 12-2 所示，它显示了杭州的一些照片（左边的图：在界面上显示了小照片和照片标题）。当你点击某一行时，表视图响应并显示大的照片和描述信息（右边的图）。有人把这个具有两个功能的视图统称为容器视图。

图 12-3　表示图

　　另外，一个视图可以拥有子视图。从而，形成一个分层的树状结构。即：UIApplication→UIWindows→UIView→UIView。还有，视图部分不仅包括各个界面上的对象，而且还包括了控制器（C）和 V 的关联信息。

12.1.2　视图控制器

　　视图控制器也是一个类。如图 12-2 所示，类名为 ViewController，slider 和 number 是这个类的两个属性，分别代表手机窗口上的滑动条和数字（在图上是 56）。changeNumber 是类的方法，用于修改窗口上的数字（修改是通过上面的 number 属性完成）。在图 12-2 上，我们使用 UML 表示了这个控制类。当你划动滑动条时，滑动条上的相应事件就触发，从而调用 changeNumber 方法。正如上面提到的，视图控制器类还经常需要访问数据模型类来获取数据，并更新视图上的显示信息。顾名思义，视图控制器是控制视图的。下面是ViewController.m 代码：

```
#import "View Controller.h"
@implementation ViewController
-(IBAction) changeNumber:(id)sender{
    UISlider *slider=(UISlider*)sender;
    Label.text=[NSString   stringWithFormat:@"%f",(int)slider.value];//设
置数字为滑动条的值
}
@end
```

　　视图控制器上的方法和视图的事件的关联，是通过 Target-Action 模式来完成的。

12.2 Target-Action 模式

大多数 UI 对象都有事件（Event）。你可以关联事件到某一个视图控制器类上的某一个方法。从而，当这个事件触发时，该方法就被调用。在 iOS 开发上，把这个模式叫做设置 Target-Action（目标-操作）。这是从最终用户的角度来描述的。比如，当用户在 iPhone 窗口上的 UI 对象做了某些动作时（如：滑动了滑动条，其实是一个事件），系统就调用该 UI 对象的 Target（目标）所指定的控制类（即：ViewController）和 Action 所指定的操作（类似 Java 中的方法：调用哪个类的哪个方法，即：changeNumber 方法）。

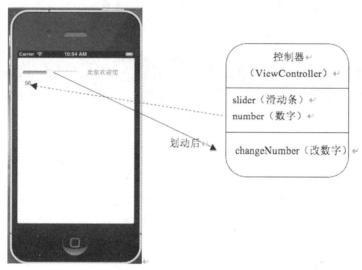

图 12-4　Target-Action

因为 iPhone/iPad 开发中大量使用这个模式。我们再整体描述一下。如图 12-3 所示，当用户滑动了滑动条，这个滑动条（在 iPhone 程序中，统称为控件，英文为 control）有两个设置：目标（ViewController）和动作（changeNumber）。也就是说，调用 ViewController 中的 changeNumber 方法，从而随着滑动数字发生更改。这个控制器对象其实是一个类，你编写这个类来处理这个动作。另外，所有上述控件对象的目标-操作同控制器类的关联，都可以在界面编辑器上面完成，而无需编写代码。一个控件可能有多个事件。比如，触摸事件就分为：触下（touchDown）、拖动（touchDragged）和抬起手指（touchUp）。对于文本编辑框，有开始编辑等事件。所以，在 Target-Action 模式下，除了指定 target、action 之外，一般还需要指定控件的 event。

图 12-5　选择通信录上的联系人

读者可能会问：划动滑动条后，系统是通过事件来触发控制器类上的方法。那么，在控制器类上的属性值怎么反应到界面上呢（图 12-3 虚线部分）？也就是说，你只修改了控制类上的属性，界面上的文本（Label）对象的值怎么就获得了控制器上的属性值呢？这是通过两步来完成的：

1. 你在控制器类上定义了该属性是一个 IBOutlet（输出口）。比如："IBOutlet UILabel *number"。这个 IBOutlet 的作用就是说，这个属性的值要被输出到界面上的某个对象。在内部处理上，其实是告诉界面编辑器（IB=Interface Builder）。

2. 在界面编辑器上，你关联这个属性和界面上的文本（Label）对象。

当应用刚刚启动后，控制器类中的 number 指向了界面上的文本对象。当你在程序中更改这个值时，界面上的文本对象的值也被更改。

你在界面编辑器上设置滑动条的 Target-Action。你需要指定这个被调用的方法为一个 IBAaction（IB 操作），如："-(IBAction) changeNumber : (id)sender"。IBAction 的作用是告诉界面编辑器：这是一个可以被事件调用/触发的方法。也就是说，只有标识为 IBAction 的方法才可以是 Target-Action 模式的 Action。IBAction 方法有三种类型。常见的类型是这个方法有一个类型为 id 的 sender 输入参数，该参数就是调用该方法的对象（如：滑动条）。参数类型 id 类似于 Java 上的 Object 类，可以是任何类型。你在代码中将该类型转化为实际的类型。另外，IBAction 的方法也可以没有输入参数，或者具有两个参数（sender 和事件）。

12.3 Delegation 模式

Delegation（委托）模式就是使用回调机制。从开发人员的角度，叫做"回调"符合程序执行流的实际操作。在本书中，我们经常使用"回调"来替代"委托"。iPhone/iPad 应用经常使用这个模式。我们先来看一个在后面章节中要实现的应用。如图 12-5 所示，当用户单击"选择联系人"按钮（左图），我们就打开通信录。把控制也交给了通信录窗口（中图）。但是，我们在打开通信录之前，第一个视图控制器告诉通信录窗口（确切地说，ABPeoplePickerNavigationController 控制类）：如果用户选中了一个联系人，那么，它应该回调第一个视图控制器的方法 A；如果用户取消了选择联系人，那么，它应该回调第一个视图控制器的方法 B。在方法 A 中，关闭通信录窗口并把选择的姓名放在输入框上（右图）。在方法 B 中，就只关闭通信录而已。所以，回调机制很像异步通信的方式。

图 12-6 .m 文件

UIKit 框架下包含了窗口（UIApplication）和各个控件类（如：UITableView、UITextField 等）。很多 UIKit 类使用 Delegation 模式。比如：UIApplication 的 applicationDidFinishLaunching 方法就是一个回调方法。当应用启动后，系统回调这个方法。所以，开发人员可以在这个方法中设置一些初始信息，并动态添加一些视图。比如，第二章的 HelloBeijing 例子程序的 AppDelegate.m 中有一个方法叫做 application didFinishLaunchingWithOptions 方法（见图 12-6）。该方法就是显示应用的窗口。代码如下：

```
-(BOOL)application:(UIApplication*)application
didFinishLaunchingWithOptions:(NSDictionary *)launchOptions {
```

```
    return YES;
}
```

12.4 基于设计模式的其他框架设计

Cocoa Touch 和 Cocoa 框架也包含基于设计模式的其他设计，有以下模式：

- 视图层次
- 响应器链

1. 视图层次

视图层次指应用程序所显示的视图，会排列成层次结构（直观上基于包含）。此模式允许应用程序将单个视图和合成视图同等对待。层次的根部为一个窗口对象；根部以下的每个视图，都有一个父视图，以及零个或多个子视图。父视图包含了视图。视图层次是绘图和事件处理的结构性组件。

2. 响应器链

响应器链是一系列的对象（主要是视图，但也有窗口、视图控制器和应用程序对象本身），事件或操作消息可以沿着响应器链传递，直到链中的一个对象处理该事件。因此，它是一个合作性事件处理机制。响应器链与视图层次密切相关。

- 视图控制器。虽然 UIKit 和 AppKit 框架都有视图控制器类，它们在 iOS 中尤其重要。视图控制器是一种特殊的控制器对象，用于显示和管理一组视图。视图控制器对象提供基础结构，来管理内容相关的视图并协调视图的显示与隐藏。视图控制器管理应用程序视图的子层次结构。
- 前台。在前台模式中，应用程序所执行的工作，从一个执行环境重定向（或弹回）到另一个环境（执行环境是一个与主线程或辅助线程相关联的调度队列或操作队列）。您将前台模式主要应用于这样的情形：在次队列执行的工作，产生了必须在主队列执行的任务，例如更新用户界面的操作。
- 类别。类别提供了一种方式，通过将方法添加到一个类，以使该类得到扩展。与委托一样，它可以让您自定行为，而不子类化。类别是 Objective-C 的一个功能，在编写 Objective-C 代码中有说明。

第 13 章

iPhone 应用程序

从本章节可以学习到：

- ❖ 创建 Xcode 项目
- ❖ 了解应用程序如何启动
- ❖ 添加用户界面元素
- ❖ 按钮操作的实现
- ❖ 文本栏和标签的实现

本章以"Hello Name"项目为例，说明 iPhone 应用程序的开发过程。运行"Hello Name"项目时，点按文本栏会调出系统提供的键盘。使用键盘键入你的姓名后，点按 Return 键将键盘隐藏，然后点按 Hello 按钮，即可在文本栏和按钮之间的标签中看到字符串"Hello，你的姓名!"。这个应用程序外观如图 13-1 所示。

图 13-1　Hello Name 应用

开发"Hello Name"项目需要在 Xcode 集成开发环境（又称 IDE）中开发，它可以用于 iOS 和 Mac OS X 应用的开发。在 Mac 上安装 Xcode，也会同时安装 iOS SDK，这个 SDK 包含 iOS 平台的编程接口。

13.1　创建 Xcode 项目

首先创建 Xcode 项目，步骤如下。

步骤1　启动 Xcode（可以在 Finder 中查找 Xcode，然后运行它），如图 13-2 所示。在这个界面上，可以创建新的 Xcode 项目，也可以通过单击左下角的"Open Other"按钮来打开已经开发好的代码，比如你朋友发给你的 iPhone/iPad 程序。

步骤2　在左边，选择"Create a new Xcode project"，弹出如图 13-3 所示的窗口。Xcode 内建了一些应用程序模板，你可以使用这些模板来开发常见类型的 iOS 应用程序。

例如 Tabbed 模板可以创建与 iTunes 类似的应用程序，"Master-Detail"模板可以创建与"邮件"类似的应用程序，选择应用 SingleView。

图 13-2　启动 Xcode

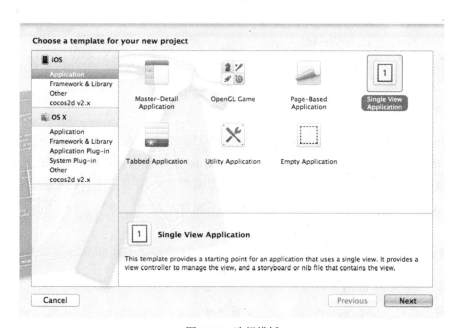

图 13-3　选择模板

步骤3　然后单击 Next，一个新对话框会出现，提示你为应用程序命名，并为项目选取附加选项，如图 13-4 所示。

图 13-4 填写项目名称及其他信息

步骤4 填写 Product Name、Company Identifier 和 Class Prefix 等栏位。

你可以使用以下值：

- Product Name：HelloWorld。
- Company Identifier：你的公司标识符（如果有）。如果没有公司标识符，可以使用 edu.self。
- Class Prefix：HelloWorld。

注：Xcode 使用输入的产品名称来命名你的项目和应用程序。Xcode 使用类前缀名称来命名为你所创建的类。例如，Xcode 会自动创建一个应用程序委托类，命名为 HelloWorldAppDelegate。如果输入不同的值作为类前缀，则应用程序委托类将命名为你的类前缀名称 AppDelegate。（你将在了解应用程序如何启动中了解更多应用程序委托的信息。）

简单来说，本教程假设你将产品命名为 HelloWorld 并使用 HelloWorld 作为类前缀值。

步骤5 在"Device Family"弹出式菜单中，确定选取 iPhone。

步骤6 确定选取"Use Storyboard"和"Use Automatic Reference Counting"选项，但不选定"Include Unit Tests"选项。

步骤7 点按 Next。此时出现另一个对话框，让你指定项目存储的位置。

步骤8 为项目指定位置，不要选定"Source Control"选项，然后点按 Create。

Xcode 在工作区窗口中打开新项目，窗口的外观如图 13-5 所示。

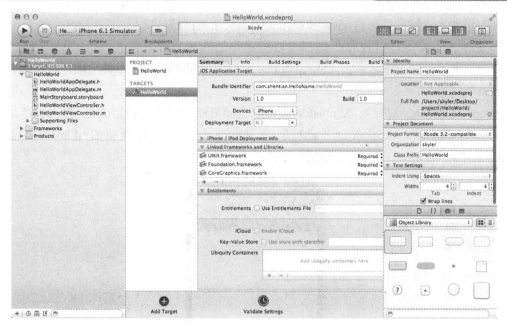

图 13-5　HelloWorld 项目

请花一些时间来熟悉 Xcode 的工作区窗口。在接下来的整个教程中，你将会用到如图 13-6 所示窗口中标识出的按钮和区域。

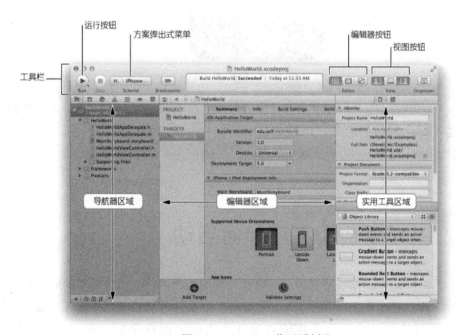

图 13-6　Xcode 工作区域划分

如果工作区窗口中的实用工具区域已打开（如上图窗口中所示），你可以暂时把它关闭，因为稍后才会用到它。最右边的 View 按钮可控制实用工具区域。实用工具区域可见时，该按钮是这样的：

如有需要，点按最右边的 View 按钮来关闭实用工具区域。

即使你还未编写任何代码，你都可以构建你的应用程序，并在 Simulator（已包含在 Xcode 中）中运行它。顾名思义，Simulator 可模拟应用程序在 iOS 设备上运行，让你初步了解它的外观和行为。

Xcode 完成生成项目后，Simulator 应该会自动启动。因为你指定的是 iPhone 产品而非 iPad 产品，Simulator 会显示一个看起来像 iPhone 的窗口。在模拟的 iPhone 屏幕上，Simulator 打开你的应用程序，外观如图 13-7 所示。

图 13-7　模拟器

此刻，你的应用程序还不怎么样：它只显示一个空白的画面。要了解空白画面是如何生成的，你需要了解代码中的对象，以及它们如何紧密协作来启动应用程序。现在，退出 Simulator（选取 iOS Simulator>Quit iOS Simulator；请确定你不是退出 Xcode）。

13.2　了解应用程序如何启动

你的项目是基于 Xcode 模板开发的，所以运行应用程序时，大部分基本的应用程序环境已经自动建立好了。例如，Xcode 创建一个应用程序对象（以及其他一些东西）来建立运行循环（运行循环将输入源寄存，并将输入事件传递给应用程序）。该工作大部分是由 UIApplicationMain 函数完成的，该函数由 UIKit 框架提供，并且在你的项目的 main.m 源文件中自动调用。（UIKit 框架提供应用程序构建和管理其用户界面所需的全部类。UIKit 框架只是 Cocoa Touch 提供的面向对象的众多框架中的一个，而 Cocoa Touch 是所有 iOS 应用程序的应用环境）。

查看 main.m 源文件，请确定项目导航器已在导航器区域（方框标记）中打开。

步骤1 项目导航器显示项目中的所有文件。如果项目导航器未打开，请点按导航器选择栏最左边的按钮，如图 13-8 所示。

图 13-8　导航器区域

步骤2 点按项目导航器中 Supporting Files 文件夹旁边的展示三角形，打开文件夹。

步骤3 选择 main.m。Xcode 在窗口的主编辑器区域打开源文件，如图 13-9 所示。

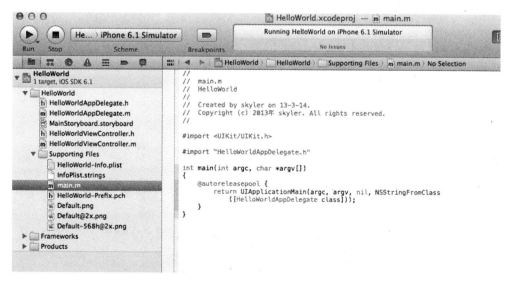

图 13-9　main.m 文件

main.m 中的 main 函数调用自动释放池（autorelease pool）中的 UIApplicationMain 函数：

```
@autoreleasepool{

    return UIApplicationMain(argc, argv, nil,
NSStringFromClass([HelloWorldAppDelegate class]));

}
```

@autoreleasepool 语句支持"自动引用计数（ARC）"系统。ARC 可自动管理应用程序的对象生命周期，确保对象在需要时一直存在，直到不再需要。

调用 UIApplicationMain 会创建一个 UIApplication 类的实例和一个应用程序委托的实例（在本教程中，应用程序委托是 HelloWorldAppDelegate，由"Single View"模板提供）。应用程序委托的主要作用是提供呈现应用程序内容的窗口，在应用程序呈现之前，应用程序委托也执行一些配置任务。（委托是一种设计模式，在此模式中，一个对象代表另一个对象，或与另一个对象协调工作。）

在 iOS 应用程序中，窗口对象为应用程序的可见内容提供容器，协助将事件传递到应用程序对象，协助应用程序对设备的摆放方向做出响应。窗口本身是不可见的。

调用 UIApplicationMain 也会扫描应用程序的 Info.plist 文件。Info.plist 文件为信息属性列表，即键和值配对的结构化列表，它包含应用程序的信息，例如名称和图标。

因为你已选取在项目中使用串联图，所以 Info.plist 文件还包含应用程序对象应该载入的串联图的名称。串联图包含对象、转换以及连接的归档，它们定义了应用程序的用户界面，如图 13-10 所示。

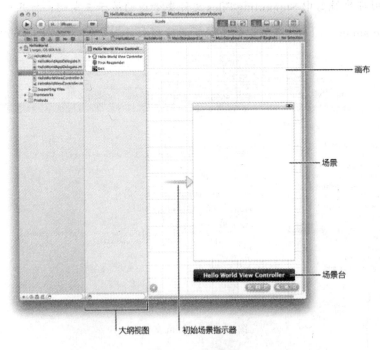

图 13-10　串联图

在"HelloWorld"应用程序中，串联图文件命名为 MainStoryboard.storyboard（请注意 Info.plist 文件只显示这名称的第一部分）。应用程序启动时，载入 MainStoryboard. storyboard，接着根据它对初始视图控制器进行实例化。视图控制器是管理区域内容的对象；而初始视图控制器是应用程序启动时载入的第一个视图控制器。

"HelloWorld"应用程序仅包含一个视图控制器（具体来说就是 HelloWorldView Controller）。现在，HelloWorldViewController 管理由单视图提供的一个区域的内容。视图是一个对象，它在屏幕的矩形区域中绘制内容，并处理由用户触摸屏幕所引起的事件。一个视图也可以包含其他视图，这些视图称为分视图。当一个视图添加了一个分视图后，它被称为父视图，这个分视图被称为子视图。父视图、其子视图以及子视图的子视图（如有的话）形成一个视图层次。一个视图控制器只管理一个视图层次。

串联图包括场景和过渡。场景代表视图控制器，过渡则表示两个场景之间的转换。

因为"Single View"模板提供一个视图控制器，应用程序中的串联图只包含一个场景，没有过渡。画布上指向场景左侧的箭头是"initial scene indicator"（初始场景指示器），它标识出应用程序启动时应该首先载入的场景（通常初始的场景就是初始视图控制器）。

在画布上看到的场景称为"Hello World View Controller"，因为它是由 HelloWorldView Controller 对象来管理的。"Hello World View Controller"场景由一些项目组成，显示在 Xcode 大纲视图（在画布和项目导航器之间的面板）。现在，视图控制器由以下项目组成：

一个第一响应器占位符对象（以橙色立方体表示）。"first responder"是一个动态占位符，应用程序运行时，它应该是第一个接收各种事件的对象。这些事件包括以编辑为主的事件（例如轻按文本栏以调出键盘）、运动事件（例如摇晃设备）和操作消息（例如当用户轻触按钮时该按钮发出的消息）等等。本教程不会涉及第一响应器的任何操作。

名为 Exit 的占位符对象，用于展开序列。默认情况下，当用户使子场景消失时，该场景的视图控制器展开（或返回）父场景——即转换为该子场景的原来场景。不过，Exit 对象使视图控制器能够展开任意一个场景。

HelloWorldViewController 对象（以黄色球体内的浅色矩形表示）。串联图载入一个场景时，会创建一个视图控制器类的实例来管理该场景。

一个视图，列在视图控制器下方（要在大纲视图中显示此视图，你可能要打开"Hello World View Controller"旁边的展示三角形）。此视图的白色背景就是在 Simulator 中运行该应用程序时所看到的背景。

画布上，场景下方的区域称为场景台。现在，场景台显示了视图控制器的名称，即"Hello World View Controller"。其他时候，场景台可包含图标，分别代表第一响应器、Exit 占位符对象和视图控制器对象。

13.3　添加用户界面元素

步骤1 如有需要，选择项目导航器中的 MainStoryboard.storyboard，在画布上显示"Hello World View Controller"场景。

步骤2 如有需要，打开对象库。对象库出现在实用工具区域的底部。如果看不到对象库，你可以点按其按钮，即库选择栏中从左边起的第三个按钮，如图 13-11 所示。

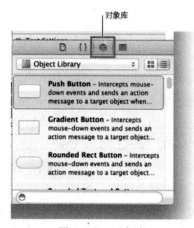

图 13-11　对象库

步骤3 在对象库中，从 Objects 弹出式菜单中选取 Controls。Xcode 将控制列表显示在弹出式菜单下方。该列表显示每个控制的名称、外观及其功能的简短描述。

步骤4 从列表中拖一个文本栏、一个圆角矩形按钮和一个标签到视图上，一次一个，如图 13-12 所示。

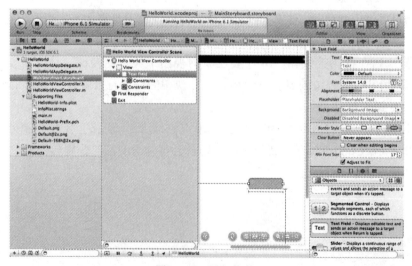

图 13-12　添加控件

步骤5　拖移文本栏右侧的调整大小控制柄，直到视图最右侧的对齐参考线出现。当看到画布如图 13-13 时，停止调整文本栏大小。

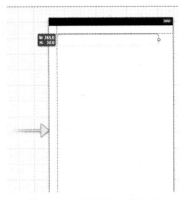

图 13-13　调整文本框大小

步骤6　在仍然选定文本栏时，打开 Attributes 检查器（如有需要的话）。

步骤7　在"Text Field Attributes"检查器顶部附近的 Placeholder 栏中，键入短语 Your Name。顾名思义，Placeholder 栏提供的浅灰色文本是为了帮助用户理解能够在文本栏中输入何种信息。在运行的应用程序中，用户只要在文本栏内轻按，占位符文本就会立即消失。

步骤8　还是在 Text Field Attributes 检查器中，点按中间的 Alignment 按钮，使文本栏的文本居中显示。在输入占位符文本和更改对齐设置后，"Text Field Attributes"检查器如图 13-14 所示。

图 13-14　Attributes 检查器

步骤9 在视图中，拖移标签到文本栏下方，并使其左边缘和文本栏的左边缘对齐。

步骤10 拖移标签的右侧调整大小控制柄，使标签与文本栏同宽。比起文本栏，标签有更多的调整大小控制柄。这是因为你可以调整标签的高度和宽度，但只能调整文本栏的宽度。现在不是要更改标签的高度，因此不要拖移标签四个角的调整大小控制柄。要拖移的是标签右侧中间的那个调整大小控制柄，如图 13-15 所示。

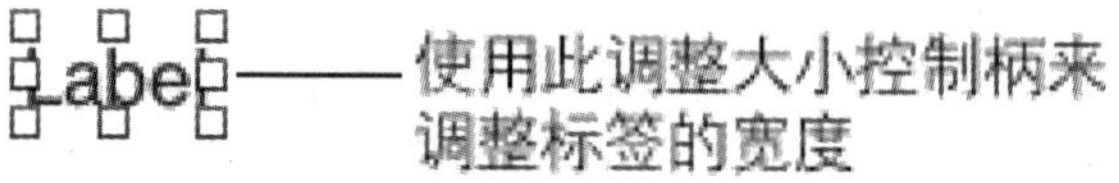

图 13-15　添加 Label 控件

步骤11 在"Label Attributes"检查器中，点按中间的 Alignment 按钮，使出现在标签中的文本居中显示。

步骤12 拖移按钮使其靠近视图底部并且水平居中。

步骤13 在画布上，连按该按钮，然后输入文本 Hello。在视图中连按该按钮后，而还未输入文本时，如图 13-16 所示。

图 13-16　居中显示

在添加文本栏、标签和按钮 UI 元素，并对布局做出建议的修改后，项目如图 13-17 所示。

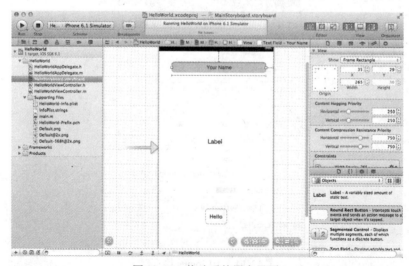

图 13-17　修改后的用户界面

13.4 按钮操作的实现

13.4.1 为按钮创建操作

当用户激活一个 UI 元素时，该元素可以向知道如何执行相应操作方法的对象发送一则操作消息，例如"将此联系人添加到用户的联系人列表"。这种互动是目标-操作机制（Target-Action 模式）的一部分，该机制是另一种 Cocoa Touch 设计模式。

在本教程中，当用户轻按 Hello 按钮时，你想要按钮发送一则"更改问候语"的消息（操作）给视图控制器（目标）。视图控制器通过更改其管理的字符串（即模型对象）来响应此消息。然后，视图控制器更新在标签中显示的文本，以反映模型对象值的变动。

使用 Xcode，你可以将操作添加到 UI 元素，并设置其相应的操作方法。方法是按住 Control 键并将画布上的元素拖移到源文件中的合适位置（通常是类扩展在视图控制器的实现文件中）。串联图将你通过这种方式创建的连接归档存储下来。稍后，应用程序载入串联图时，会恢复这些连接。

13.4.2 为按钮添加操作

步骤 1 如有需要，选择项目导航器中的 MainStoryboard.storyboard，将场景显示在画布上。

步骤 2 在 Xcode 工具栏中，点按 Utilities 按钮以隐藏实用工具区域，点按"Assistant Editor"按钮以显示辅助编辑器面板。"Assistant Editor"按钮为中间的那个编辑器按钮，外观是这样的：。

步骤 3 确定"Assistant"显示视图控制器的实现文件，即 HelloWorldViewController.m。一显示的是 HelloWorldViewController.h，请在项目导航器中选择 HelloWorldViewController.m。

步骤 4 在画布上，按住 Control 键将"Hello"按钮拖移到 HelloWorldViewController.m 中的类扩展。实现文件中的类扩展是申明类的专有属性和方法的地方。（在编写 Objective-C 代码中，你将学到有关类扩展的更多信息。）Outlet 和操作应该专有。视图控制器的 Xcode 模板包含实现文件中的类扩展。以"HelloWorld"项目为例，类扩展看起来像这样：

```
@interface HelloWorldViewController ()

@end
```

要按住 Control 键拖移，请按住 Control 键不放，并将按钮拖移到辅助编辑器中的实现文件，如图 13-18 所示。

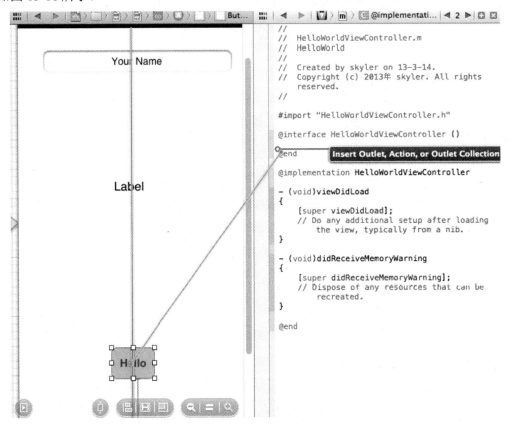

图 13-18　将"Hello"按钮拖移到类中

步骤5　在弹出式窗口中，配置按钮的操作连接：

- 在 Connection 弹出式菜单中，选取 Action。
- 在 Name 栏中，输入 changeGreeting:（请确保包括冒号）。在稍后步骤中，你将实施 changeGreeting: 方法，让它把用户输入文本栏的文本载入，然后在标签中显示。
- 确定 Type 栏包含 id。id 数据类型可指任何 Cocoa 对象。在这里使用 id 是因为无论哪种类型的对象发送消息都没有关系。
- 请确定 Event 弹出式菜单包含"Touch Up Inside"。指定"Touch Up Inside"事件是因为你想要在用户触摸按钮后提起手指时发送消息。
- 请确定 Arguments 弹出式菜单包含"Sender"。
- 配置完操作连接后，弹出式窗口如图 13-19 所示。

Connection
Action
Object
Hello World View C...
Name
changeGreeting
Type
id
Event
Touch Up Inside
Arguments
Sender
Cancel
Connect
// Copyright (c) 2013年 skyler. All rights reserved.
//
#import "HelloWorldViewController.h"
@interface HelloWorldViewController ()
@end
@implementation HelloWorldViewController
- (void)viewDidLoad
{
[super viewDidLoad];
// Do any additional setup after loading the view, typically from a nib.
}
- (void)didReceiveMemoryWarning
{
[super didReceiveMemoryWarning];
// Dispose of any resources that can be recreated.
}
@end

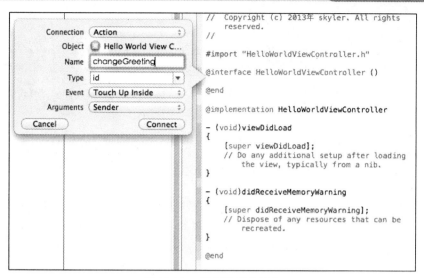

图 13-19　配置按钮的操作

步骤6 在弹出式窗口中，点按 Connect。Xcode 为新的 changeGreeting: 方法添加一个存根实现，并通过在该方法的左边显示一个带有填充的圆圈，以标示已经建立连接，如图 13-20 所示。

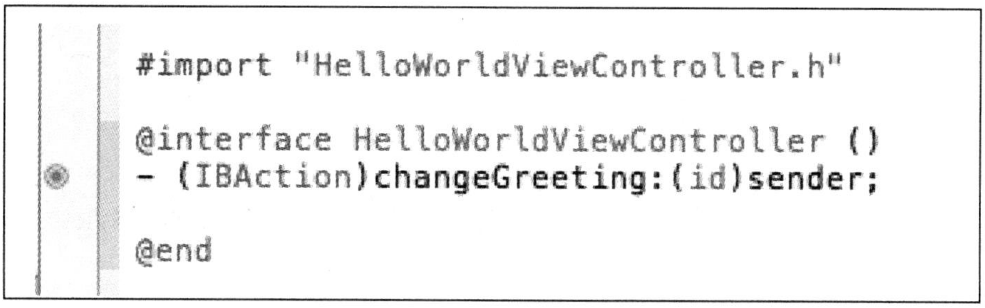

#import "HelloWorldViewController.h"
@interface HelloWorldViewController ()
- (IBAction)changeGreeting:(id)sender;
@end

图 13-20　添加 changeGreeting 方法

13.5 文本栏和标签的实现

13.5.1 为文本栏和标签创建 outlet

像上面添加按钮的操作一样来为文本框添加 outlet，完成这些设置后，弹出式窗口如图 13-21 所示。

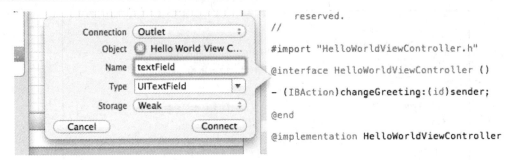

图 13-21　为文本框添加 outlet

通过为文本栏添加 outlet，Xcode 将合适的代码添加到了视图控制器类的实现文件（HelloWorldViewController.m）。具体来说，Xcode 将以下声明添加到了类扩展：

```
@property (weak, nonatomic) IBOutlet UITextField *textField;
```

通过在视图控制器和文本栏之间建立连接，用户输入的文本可以传递给视图控制器。和处理 changeGreeting: 方法声明一样，Xcode 在文本栏声明的左边显示带有填充的圆圈，以表示已经建立连接。

13.5.2　为标签添加 outlet

步骤1　按住 Control 键将视图中的标签拖移到辅助编辑器中的 HelloWorldViewController.m 的类扩展。

步骤2　在松开 Control 键并停止拖移时出现的弹出式窗口中，配置标签的连接：

- 确定 Connection 弹出式菜单包含 Outlet。
- 在 Name 栏中，键入 label。
- 确定 Type 栏包含 UILabel。
- 确定 Storage 弹出式菜单包含 Weak。

步骤3　在弹出式窗口中，点按 Connect。在 Connections 检查器中，Xcode 显示了所选对象（在本例中为视图控制器）的连接。工作区窗口如图 13-22 所示。

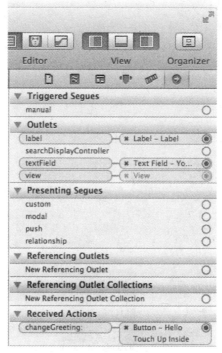

图 13-22　为标签加 outlet

13.5.3　建立文本栏的委托连接

你还需要在应用程序中建立另一个连接：你需要将文本栏连接到你指定的委托对象上。在本教程中，你将视图控制器用作文本栏的委托。

你需要为文本栏指定一个委托对象。这是因为当用户轻按键盘中的 Done 按钮时，文本栏发送消息给它的委托（前面提到过委托是代表另一个对象的对象）。在后面的步骤中，你将使用与此消息相关联的方法让键盘消失。

确定串联图文件已在画布上打开。如果未打开，则在项目导航器中选择 MainStoryboard.storyboard。

步骤1　在视图中，按住 Control 键将文本栏拖移到场景台中的黄色球体（黄色球体代表视图控制器对象）。松开 Control 键并停止拖移时，可看到如图 13-23 所示的效果。

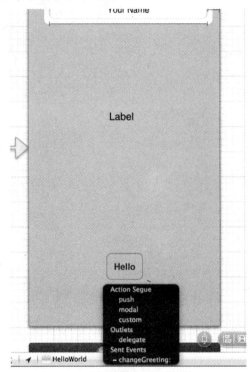

图 13-23　建立文本栏委托连接

步骤2 在出现的半透明面板的 Outlets 部分中选择 delegate。

13.5.4　为用户姓名添加属性

步骤1 在项目导航器中，选择 HelloWorldViewController.h。

步骤2 在 @end 语句前，为字符串编写一个 @property 语句。属性声明应该是这样的：

```
@property (copy, nonatomic) NSString *userName;
```

　　编译器自动为你声明的任何属性合成存取方法。存取方法是一种获取或设定一个对象的属性的值的方法（因此，存取方法有时也称为 getter 和 setter）。例如，编译器为刚刚声明的 userName 属性生成以下的 getter 和 setter 声明及其实现：

```
-(NSString*)username;
-(void)setUserName:(NSString*)newUserName;
```

13.5.5 实施 changeGreeting: 方法

步骤1 如有需要，在项目导航器中选择 HelloWorldViewController.m。你可能需要滚动到文件的末尾才能看到 changeGreeting: 存根实现，它是 Xcode 为你添加的。

步骤2 添加以下代码来完成 changeGreeting: 方法的实现：

```
-(IBAction)changeGreeting:(id)sender{
   self.userName=self.textField.text;
NSString * nameString=self.userName;
  if([nameString length]==0){
     nameString=@"World";
  }
  NSString *greeting=[[NSString
alloc]initWithFormat:@"Hello,%@",nameString];
  self.label.text=greeting;
}
```

changeGreeting: 方法中有几项有趣的事值得注意：

- self.userName = self.textField.text; 从文本栏取回文本，并将视图控制器的 userName 属性设定为该结果。在本教程中，你不会在其他任何地方用得上那个保存着用户姓名的字符串，但重要的是你要记住它的角色：这正是视图控制器所管理的非常简单的模型对象。一般情况下，控制器应在它自己的模型对象中维护应用程序数据的相关信息。换句话说，应用程序数据不应储存在用户界面元素（例如 HelloWorld 应用程序的文本栏）中。
- NSString *nameString = self.userName; 创建一个新的变量（为 NSString 类型）并将其设为视图控制器的 userName 属性。
- @"World" 是一个字符串常量，用 NSString 的实例表示。如果用户运行应用程序但不输入任何文本（即 [nameString length] == 0），nameString 将包含字符串 World。
- initWithFormat: 方法是由 Foundation 框架提供给你的。它创建一个新的字符串，按你提供的格式字符串所规定的格式（很像 ANSI C 库中的 printf 函数）。在格式字符串中，%@ 充当字符串对象的占位符。此格式字符串的双引号中的所有其他字符都将如实显示在屏幕上。

13.5.6 将视图控制器配置为文本栏的委托

如果生成并运行应用程序，在点按按钮时应该会看到标签显示"Hello, World!"。如果你选择文本栏并开始在键盘上键入，你会发现完成文本输入后仍然无法让键盘消失。

在 iOS 应用程序中，允许文本输入的元素成为第一响应器时，键盘会自动出现；元素失去第一响应器状态时，键盘会自动消失。（前面提到过第一响应器是第一个接收各种事件通知的对象，例如轻按文本栏来调出键盘。）虽然无法从应用程序直接将消息发送给键盘，但是可以通过切换文本输入 UI 元素的第一响应器状态这种间接方式，使键盘出现或消失。

　　UITextFieldDelegate 协议是由 UIKit 框架定义的，它包括 textFieldShouldReturn: 方法，当用户轻按 Return 按钮（不管该按钮的实际名称是什么）时，文本栏调用该方法。因为你已经将视图控制器设定为文本栏的委托（在"设定文本栏的委托"中），可以实施该方法，通过发送 resignFirstResponder 消息强制文本栏失去第一响应器状态，以该方法的副作用使键盘消失。

　　最终代码清单如下：

　　接口文件：HelloWorldViewController.h

```
#import <UIKit/UIKit.h>

@interface HelloWorldViewController :UIViewController
<UITextFieldDelegate>

@property (copy, nonatomic) NSString *userName;

@end
```

　　实现文件：HelloWorldViewController.m

```
#import "HelloWorldViewController.h"
@interface HelloWorldViewController ()
 @property (weak, nonatomic) IBOutlet UITextField *textField;
@property (weak, nonatomic) IBOutlet UILabel *label;

- (IBAction)changeGreeting:(id)sender;

@end

@implementation HelloWorldViewController
@synthesize username;
- (void)viewDidLoad
{
    [super viewDidLoad];
}

- (void)didReceiveMemoryWarning
{
    [super didReceiveMemoryWarning];
```

```
}

- (IBAction)changeGreeting:(id)sender {
  self.userName = self.textField.text;
NSString *nameString = self.userName;
   if ([nameString length] == 0) {
        nameString = @"World";
    }
NSString *greeting = [[NSString alloc] initWithFormat:@"Hello, %@!",
nameString];

self.label.text = greeting;
}

- (BOOL)textFieldShouldReturn:(UITextField *)theTextField {
    if (theTextField == self.textField) {
        [theTextField resignFirstResponder];
    }

    return YES;
}
@end
```

最终程序运行如图 13-24 所示。

图 13-24　运行结果

第 14 章

iPad 应用程序

从本章节可以学习到：

- ❖ iPad 介绍
- ❖ iPad 与 iPhone 开发的对比
- ❖ iPad 应用程序开发实例

　　苹果公司在 2010 年推出 iPad。iPad 属于平板电脑的范畴，定位于智能手机和笔记本电脑之间。平板电脑比笔记本小巧，带有舒适的触摸屏，更加方便使用。iPad 采用的操作系统是 iPhone 正在使用的 iOS。除了 iPad 的大屏幕，iPad 为开发者提供更强大的硬件，比如，可以在 iPad 上使用办公软件 iWork。同时 iPad mini 是苹果公司推出的小尺寸触控屏平板电脑。标准的 iPad 有 9.7 英寸，4:3 的屏幕纵横比，迷你iPad会维持同样的纵横比，屏幕的大小缩小到 7.85 英寸，整体比 iPad 小，也正因如此相对之下轻了 53%。2012 年 12 月 7 日，ipad mini 在中国大陆上市。我们相信，各个软件开发公司将为 iPad 开发更多的办公和业务软件，这必将使 iPad 成为不可缺少的移动办公工具。本章将介绍 iPad 的功能和优点，并通过建立一个简单的程序来体验 iPad 开发。关于更多内容，读者可以参考 iPad 开发的相关书籍。

14.1　iPad 介绍

　　对于普通用户而言，现有的 Windows 操作系统，或者 Mac 操作系统都太复杂，这些操作系统的很多功能普通用户都用不上，而且这些系统运行并不快（虽然有 2~4GB 的内存）。iPad 设计高明之处在于它纯粹的简单，连三岁小孩都可以触摸启动应用程序。比如，iPad 上的 Notes 应用程序，完全模拟了现实世界中的记事本，这使得普通用户立刻掌握这个软件。另外，软件的更新也非常简单，只需要触摸几下就可以完成。

14.2　iPad 与 iPhone 开发的对比

　　iPhone 的界面是 320×480 个像素点，而 iPad 的界面是 768×1024 个像素点（iPad mini 和 iPad 相同）。也就是说，iPhone 的界面比 iPad 小一半多。因此，iPad 是一个新的平台，设计思想完全不同了。

　　在 2007 年推出的第一代 iPhone 还没有应用商店（Appstore），直到一年多以后苹果公司才推出 iTunes AppStore，但也只有 500 多个应用程序。在 2010 年，总共有 20 多万个 iPhone 应用程序，发展非常迅速！虽然 iPad 能够运行现有的 iPhone 应用程序（不用任何修改），但是，那 20 多万个应用程序都是为小屏幕、小内存的 iPhone 设计的。苹果在 iPad 上运行 iPhone 应用提供了两个选项：原尺寸显示（其余地方为黑色）或放大一倍（尺寸为全屏）。它们都没有充分利用 iPad 所具有的高清晰度、大屏幕的特征。显然，iPad 用户都期待专门为 iPad 开发的应用程序。苹果自己就重新开发了专门针对 iPad 的邮件、日历、相册等软件。另外，iPad 大屏幕使得游戏成员增多，添加了和用户交互的功能，比如，你可以开发一个 iPad 的象棋游戏。回顾 iPhone 应用的辉煌发展，iPad 应用有着巨大的潜力。

　　在 iPhone 上，由于屏幕小，开发人员往往需要结合导航控制器和标签控制器在不同的页面上切换，而 iPad 就不太需要在不同的屏幕之间来回切换。iPad 可以使用更多的工具栏来显示不同的选项。iPhone SDK 专门提供了新的 iPad 框架和用户界面控件。很多 IT 公司都在专门为 iPad 开发应用程序。比如，iPhone 上的绘图程序，你需要切换到不同页面上来选择画笔（比如红笔、蓝笔），该程序的作者最近推出了 iPad 版本的绘图程序。在 iPad 上，不仅可以在一个大屏幕上绘图，而且不用切换到不同界面来选择调色板和画笔。类似笔记本电脑上的应用，绘图程序弹出一个窗口让你选择画笔，而不需要像 iPhone 那样切换到不同的页面。这只是 iPad 新的用户界面功能之一。在 iPad 上，画笔、画布、颜色选择器整合到一个屏幕上了。

在 Xcode 上，苹果公司为 iPad 提供了新的 iPad 项目模板，比如，基于拆分视图的应用程序模板（Master-Detail Application，如图 14-1 所示）。iPad 上的邮件应用程序就在使用这个模板。当你打开 iPad 邮件程序时，左边显示邮件列表，右边是某一个选中邮件的内容。所以，整个结构是，左边显示主（master）信息，右边显示详细（detail）信息。在结构上，左边采用的是 UITableView，而右边用的是 UIView 来显示详细资料。

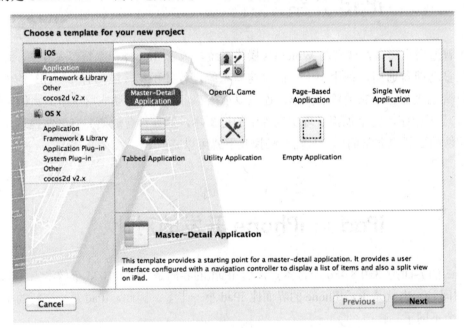

图 14-1　Master-Detail Application

14.3　iPad 应用程序开发实例

同 iPhone 应用程序一样，开发 iPad 应用程序也要使用 MVC 模型。M 就是数据模型，即各个数据模型类，V 就是可视化界面，C 处理用户界面（比如用户输入的数据）和数据模型的交互。正是因为 iPhone 和 iPad 使用同一个操作系统，所以，使用 MVC 模型就越发重要。比如，你可以使用同一个 M，但是为 iPhone 和 iPad 开发不同的 V 和 C。所以，编写程序时要遵守 MVC 模式，这样方便你的 iPhone 程序迁移到 iPad 中，反之也是。若不遵守这个模式，那你的 Xcode 程序移植到 iPad 时，将遇到困难。

步骤1 创建一个新项目。选择 Single View Application 模板（如图 14-2 所示），单击 Next 输入产品名称，然后将 Device Family 选择为 iPad，如图 14-3 所示。

步骤2 确定选取 "Use Storyboard" 和 "Use Automatic Reference Counting" 选项，但不选定 "Include Unit Tests" 选项。然后下一步选择存储位置。

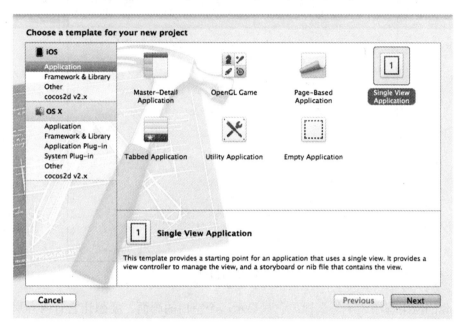

图 14-2　Single View Application 模板

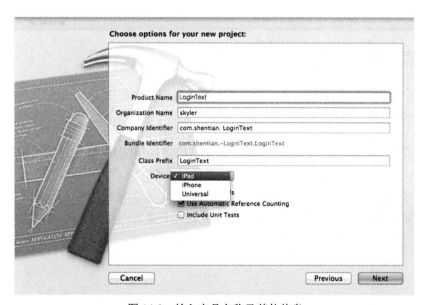

图 14-3　输入产品名称及其他信息

步骤3 Xcode 完成生成项目后，Simulator 应该会自动启动。因为你指定的是 iPad 产品而非 iPhone 产品，Simulator 会显示一个看起来像 iPad 的窗口。在模拟的 iPad 屏幕上，Simulator 打开你的应用程序，外观如图 14-4 所示。

图 14-4　模拟器

现在你的应用程序还不怎么样：它只显示一个空白的画面。要想让它有内容那么我们就得给他添加相应的代码和控件。（如果你对 Xcode 的工作区窗口不熟悉，可以回顾上一章 iPhone 应用程序。）

14.3.1　添加界面元素

在向界面添加元素有两种方法：通过对象库直接拖拉到界面上；通过代码添加。在这里我们用的第一种方法。

步骤1 如有需要，选择项目导航器中的 MainStoryboard.storyboard，在画布上显示"Login TextView Controller"场景。

步骤2 如有需要，打开对象库。对象库出现在实用工具区域的底部。如果看不到对象库，你可以点按其按钮，即库选择栏中从左边起的第三个按钮，如图 14-5 所示。

对象库

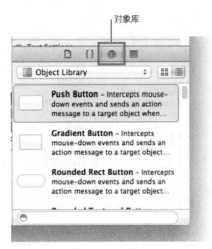

图 14-5　对象库

步骤3 在对象库中，从 Objects 弹出式菜单中选取 Controls。Xcode 将控制列表显示在弹出式菜单下方。该列表显示每个控制的名称、外观及其功能的简短描述。

步骤4 从列表中拖一个 image View 到视图上，如图 14-6 所示。

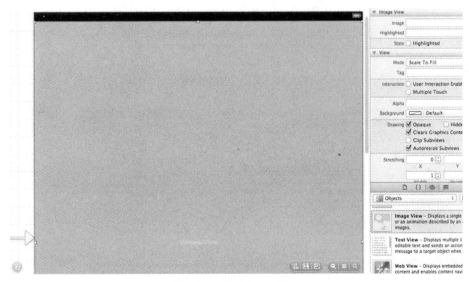

图 14-6　添加 imageView

步骤5 为项目文件添加图片文件（添加文件有两种方式：直接将文件拖到项目文件夹中；在项目文件夹中添加文件，个人比较推荐这种方法。），这里我用的方法如图 14-7 所示。

步骤6 选择 Add Files to ＂LoginText＂ 则会让你选择文件添加到项目中。记住在这里我们可一看到矩形方框里的 Destination 属性（如图 14-8 所示），添加时如果不选中图中的复选框，当文件在本地删除后程序就会找不到相应的文件而报错。所以一般我们在添加文件时都将其选中。然后单击 Add，添加文件。如果添加成功，还可以在项目中看到，如图 14-9 所示。

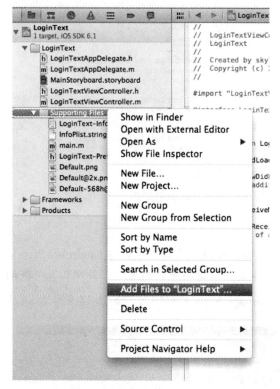

图 14-7　添加文件到项目中

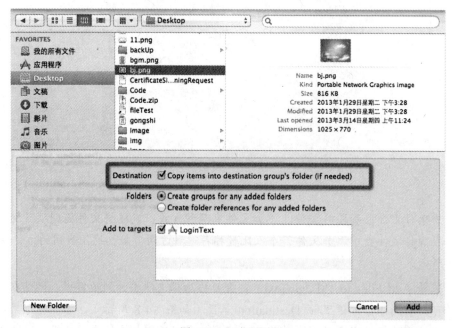

图 14-8　添加图片

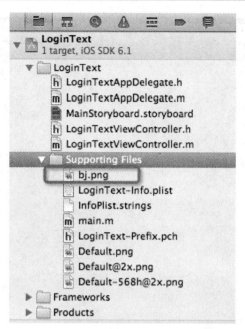

图 14-9　添加成功

步骤7　将我们添加进去的图片放到 imageView 上去作为背景，然后再做相应的操作。点击 MainStoryboard.storyboard，然后在 下面的 image 下拉列表框中选择你要添加的文件，如图 14-10 所示。添加成功后可以看图片已经在视图上面显示，如图 14-11 所示。

图 14-10　选择图片文件到 imageView 上

图 14-11　背景图片

步骤8 从列表中拖两个文本栏、两个圆角矩形按钮和两个标签到视图上，一次一个，如图
14-12 所示。

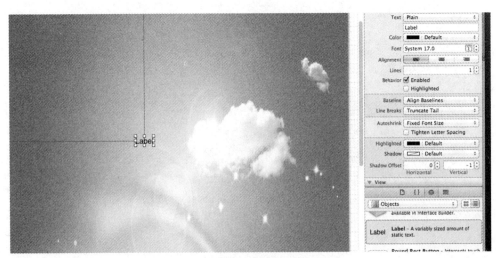

图 14-12　添加控件

步骤9 在 "Text Field Attributes" 检查器顶部附近的 Placeholder 栏中，键入短语 UserName 和
Password。Label 的 Placeholder 栏中分别输入 USerName 和 Password。Button 的

Placeholder 栏中分别输入 Register 和 Login。顾名思义，Placeholder 栏提供的浅灰色文本是为了帮助用户理解在文本栏中输入了何种信息。在运行的应用程序中，用户只要在文本栏内轻按，占位符文本就会立即消失，Attributes 检查器如图 14-13 所示。

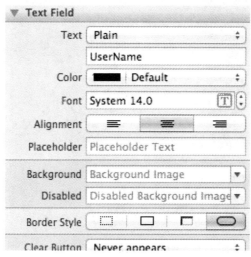

图 14-13　Attributes 检查器

步骤10 拖移标签的右侧调整大小控制柄，使标签与文本栏同宽。比起文本栏，标签有更多调整大小的控制柄。这是因为你可以调整标签的高度和宽度，但只能调整文本栏的宽度。现在不是要更改标签的高度，因此不要拖移标签四个角的调整大小控制柄。要拖移的是标签右侧中间的那个调整大小控制柄。

步骤11 在画布上，连按该按钮，然后输入文本注册。在视图中连按该按钮，而还未输入文本的效果如图 14-14 所示。

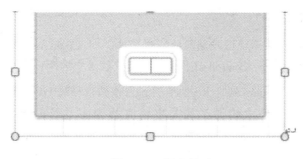

图 14-14　居中显示

在添加文本栏、标签和按钮 UI 元素并对布局做出建议的修改后，用户界面如图 14-15 所示。

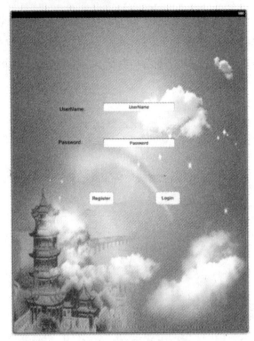

图 14-15　修改后的用户界面

14.3.2　为按钮创建操作

步骤1　如有需要，选择项目导航器中的 MainStoryboard.storyboard，将场景显示在画布上。

步骤2　在 Xcode 工具栏中，点按 Utilities 按钮以隐藏实用工具区域，点按"Assistant Editor"按钮以显示辅助编辑器面板。"Assistant Editor"按钮为中间的那个编辑器按钮，外观是这样的：　。

步骤3　确定"Assistant"显示视图控制器的实现文件，即 LoginTextViewController.m。万一显示的是 HelloWorldViewController.h，请在项目导航器中选择 HelloWorldViewController.m。

步骤4　在画布上，按住 Control 键将 Register、Login 按钮拖移到 LoginTextViewController.m 中的类扩展。实现文件中的类扩展是申明类的专有属性和方法的地方。（在编写 Objective-C 代码中，你将学到有关类扩展的更多信息。）Outlet 和操作应该专有。视图控制器的 Xcode 模板包含实现文件中的类扩展。以 LoginText 项目为例，类扩展看起来像这样：

```
@interface LoginTextViewController ()

@end
```

要使用 Control 键拖移，请按住 Control 键不放，并将按钮拖移到辅助编辑器中的实现文件。随着你按住 Control 键拖移，效果如图 14-16 所示（Login 的操作都是一样的）。

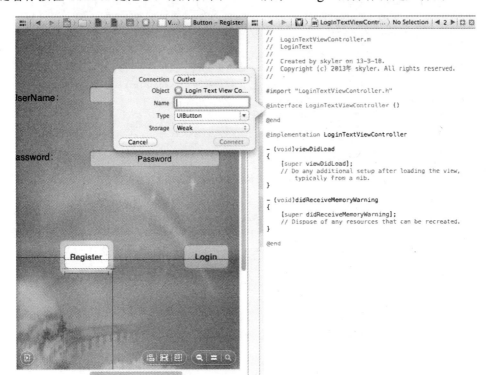

图 14-16　将按钮添加到类中

步骤5　在弹出式窗口中，配置按钮的操作连接：

- 在 Connection 弹出式菜单中，选取 Action。
- 在 Name 栏中，输入 Register:（请确保包括冒号）。在稍后步骤中，你将实施 Register: 方法，让它把用户输入文本栏的文本载入，然后在标签中显示。
- 确定 Type 栏包含 id。id 数据类型可指任何 Cocoa 对象。在这里使用 id 是因为无论哪种类型的对象发送消息都没有关系。
- 请确定 Event 弹出式菜单包含 "Touch Up Inside"。指定 "Touch Up Inside" 事件是因为你想要在用户触摸按钮后提起手指时发送消息。
- 请确定 Arguments 弹出式菜单包含 Sender。
- 配置完操作连接后，弹出式窗口如图 14-17，图 14-18 所示。

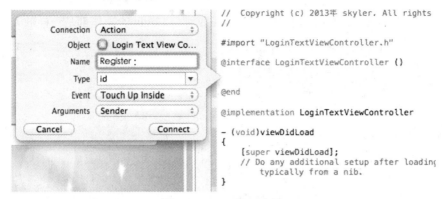

图 14-17 Register: 方法

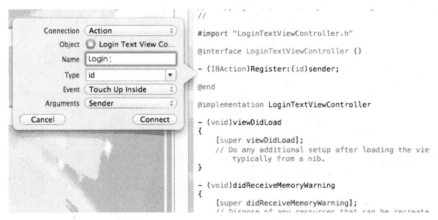

图 14- 18 Login: 方法

步骤6 在弹出式窗口中，点按 Connect。Xcode 为新的 Register: 方法和 Login: 方法添加一个存根实现，并通过在该方法的左边显示一个带有填充的圆圈，以标示已经建立连接，如图 14-19 所示。

```objective-c
#import "LoginTextViewController.h"

@interface LoginTextViewController ()

- (IBAction)Register:(id)sender;
- (IBAction)Login:(id)sender;

@end

@implementation LoginTextViewController

- (void)viewDidLoad
{
    [super viewDidLoad];
    // Do any additional setup after loading the view,
        typically from a nib.
}

- (void)didReceiveMemoryWarning
{
    [super didReceiveMemoryWarning];
    // Dispose of any resources that can be recreated.
}


- (IBAction)Register:(id)sender {
}

- (IBAction)Login:(id)sender {
}
```

图 14-19 方法添加成功

14.3.3 为文本栏创建 outlet

向上面添加按钮的操作一样来为文本框添加 outlet，完成这些设置后，弹出式窗口如图 14-20，图 14-21 所示。

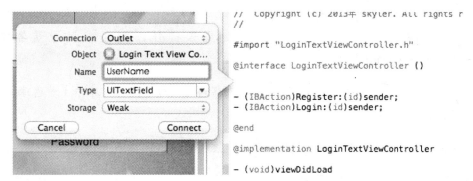

图 14-20　为 UserName 文本框添加 outlet

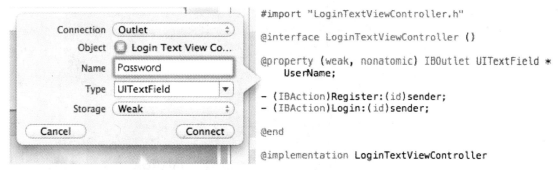

图 14-21　图为 Password 文本框添加 outlet

通过为文本栏添加 outlet，Xcode 将合适的代码添加到了视图控制器类的实现文件 (HelloWorldViewController.m)。具体来说，Xcode 将以下声明添加到了类扩展：

```
@property  (weak, nonatomic) IBOutlet UITextField *UserName;

@property  (weak, nonatomic) IBOutlet UITextField *Password;
```

通过在视图控制器和文本栏之间建立连接，用户输入的文本可以传递给视图控制器。和处理 Register 和 Login 方法声明一样，Xcode 在文本栏声明的左边显示带有填充的圆圈，以表示已经建立连接。

14.3.4　建立文本栏的委托连接

你需要为文本栏指定一个委托对象。这是因为当用户轻按键盘中的 Done 按钮时，文本栏发送消息给它的委托（前面提到过委托是代表另一个对象的对象）。在后面的步骤中，你将使用与此消息相关联的方法让键盘消失。

确定串联图文件已在画布上打开。如果未打开，则在项目导航器中选择 MainStoryboard.storyboard。

步骤1　在视图中，按住 Control 键将文本栏拖移到场景台中的黄色球体（黄色球体代表视图控制器对象）。

松开 Control 键并停止拖移时，效果如图 14-22 所示。

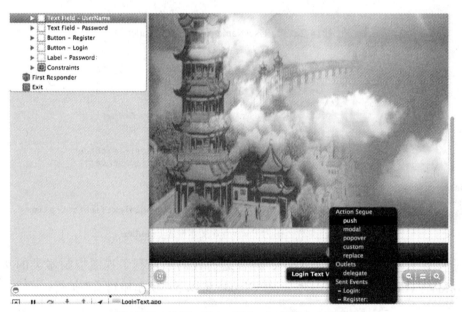

图 14-22　为 UserName 和 Login 创建文本委托

步骤2　在出现的半透明面板的 Outlets 部分中选择 delegate。

14.3.5　添加 Register 类和用户界面

步骤1　如有需要，在项目导航器中选择 LoginTextViewController.m。你可能需要滚动到文件的末尾才能看到存根实现，它是 Xcode 为你添加的。在实现 Register 之前我们要来准备一下，当用户点击 Register 时应该出现注册页面。那么我们在这里需要多添加一个页面和相应的类文件。

步骤2　添加 Register 类文件，选择 New File，如图 14-23 所示。

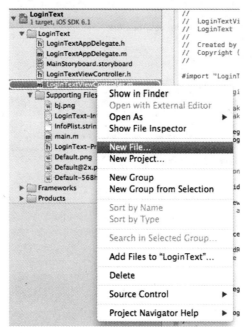

图 14-23 添加 Register 类

步骤3 在 CocoaToucg 下选择 Objective-C class（如图 14-24 所示），单击 Next，输入类名称如图 14-25 所示，然后单击 Next。

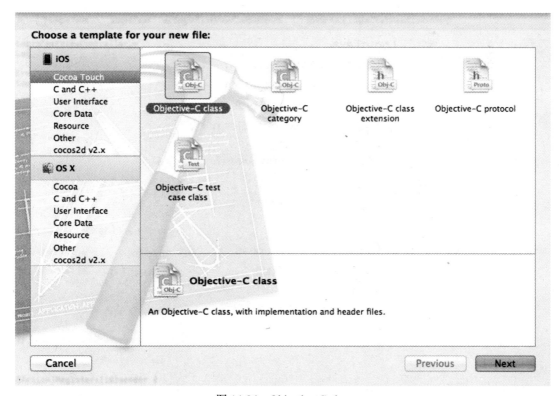

图 14-24 Objective-C class

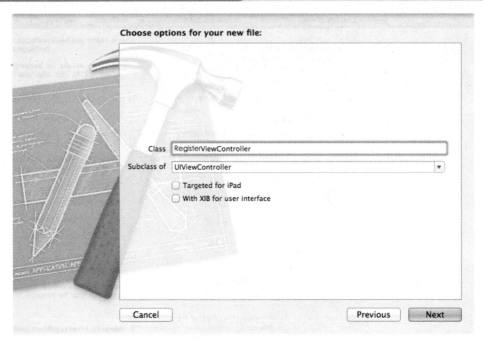

图 14-25　输入类名称

步骤4　我们这时可以看见项目文件中有 Register 类文件出现（如图 14-26 所示），这里我们再为它添加视图文件。在对象库中拖一个 View Controller 到画布上，如图 14-27 所示。

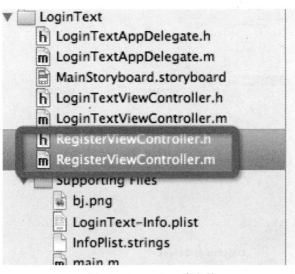

图 14-26　Register 类文件

图 14-27　添加 ViewController

步骤5　将添加的 ViewControllerhe 和我们的 Register 类关联起来，如图 14-28 所示。同时也将 LoginTextViewController 和 RegisterViewController 关联起来。点击 LoginViewController 按住 control 键拖到 Register 上则会出现半透明状视图选择 modal，添加 Identifier 为 gotoRegister 如图 14-29 所示。表示成功。

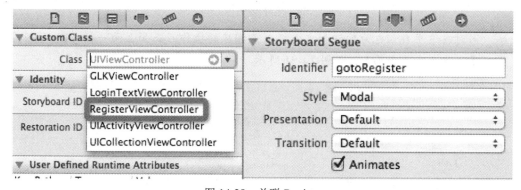

图 14-28　关联 Register

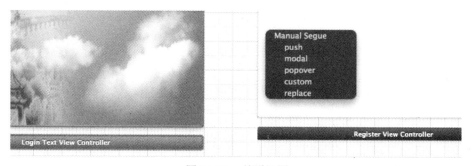

图 14-29　关联视图

步骤6　接下来为界面添加元素，像前面一样添加完之后（在这里为了区别也添加了背景图片），如图 14-30 所示。

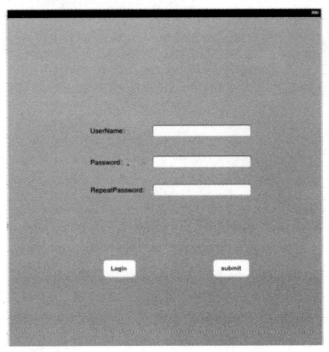

图14-30   修改后的用户界面

步骤7   同时在这里我们也为按钮和文本框创建相应的操作，正如上面一样（Register 界面多了一个重复密码），如图 14-31 所示。

图 14-31   为按钮和文本框创建相应的操作

14.3.6 实施 Register：方法

添加以下代码来完成 Register: 方法的实现：

```
[self performSegueWithIdentifier:@"gotoRegister" sender:self];
```

这样我们就可以跳转到 Register 页面了，通过上面图 14-30 所示的那样我也可以回到登录页面。方法也可以参照上面的将 RegisterViewController 和 LoginTextViewController 关连起来（这里可以用到其他方法如 push 等）。

14.3.7 实施 Login：方法

如果一个真正的程序，在这里用户输入用户名和密码。我们就要把用户输入的用户名和密码和数据库里面的进行对比看用户是否存在和密码是否正确。那么在这里我们就把用户名和密码分别定义一个 NSString 类型变量：

```
NSString * Name=@"admin";

NSString * Pwd=@"123456";
```

这里就要用到前面章节所提到的 if-else 判断了：

```
if([UserName.text length]==0){

    UIAlertView *alert=[[UIAlertView alloc]initWithTitle:@"缺少信息"
message:@"用户名不能为空" delegate:self cancelButtonTitle:@"YES"
otherButtonTitles:nil, nil];
    [alert show];
}else if ([Password.text length]==0){

    UIAlertView *alert=[[UIAlertView alloc]initWithTitle:@"缺少信息"
message:@"密码不能为空" delegate:self cancelButtonTitle:@"YES"
otherButtonTitles:nil, nil];
    [alert show];

}else if ([UserName.text isEqualToString:Name]&& [Password.text
isEqualToString:Pwd]){
```

```
    UIAlertView *alert=[[UIAlertView alloc]initWithTitle:@"恭喜您"
message:@"恭喜您登录成功！" delegate:self cancelButtonTitle:@"YES"
otherButtonTitles:nil, nil];
    [alert show];




    }else {

    UIAlertView *alert=[[UIAlertView alloc]initWithTitle:@"信息错误"
message:@"用户名或密码不正确，请您核对后重新登录。" delegate:self
cancelButtonTitle:@"YES" otherButtonTitles:nil, nil];
    [alert show];
    }
```

其实这个程序还有很多的地方可以完善和添加新的功能模块，如果有兴趣可以尝试着添加一些功能模块。在这里我们就不一一来讲了，如果想进一步了解 iOS 程序开发可以参考苹果官网和其他相关书籍。

最终代码清单如下：

接口文件：LoginTextViewController.h

```
#import <UIKit/UIKit.h>
@interface LoginTextViewController : UIViewController
<UITextFieldDelegate>

@property (nonatomic, weak) IBOutlet UITextField *BeginTest;
@end
```

实现文件：LoginTextViewController.m

```
#import "LoginTextViewController.h"
#import "RegisterViewController.h"
@interface LoginTextViewController ()

@property (weak, nonatomic) IBOutlet UITextField *UserName;
@property (weak, nonatomic) IBOutlet UITextField *Password;

- (IBAction)Register:(id)sender;
- (IBAction)Login:(id)sender;

@end
```

```objc
@implementation LoginTextViewController
@synthesize UserName,Password,BeginTest;

- (void)viewDidLoad
{
    [super viewDidLoad];

                                                          // Do any
additional setup after loading the view, typically from a nib.
}

- (void)didReceiveMemoryWarning
{
    [super didReceiveMemoryWarning];
    // Dispose of any resources that can be recreated.
}


- (IBAction)Register:(id)sender {


    [self performSegueWithIdentifier:@"gotoRegister" sender:self];

}

- (IBAction)Login:(id)sender {

    NSString * Name=@"admin";
    NSString * Pwd=@"123456";
    if([UserName.text length]==0){

        UIAlertView *alert=[[UIAlertView alloc]initWithTitle:@"缺少信息"
message:@"用户名不能为空" delegate:self cancelButtonTitle:@"YES"
otherButtonTitles:nil, nil];
        [alert show];
    }else if ([Password.text length]==0){

        UIAlertView *alert=[[UIAlertView alloc]initWithTitle:@"缺少信息"
message:@"密码不能为空" delegate:self cancelButtonTitle:@"YES"
otherButtonTitles:nil, nil];
        [alert show];

    }else if ([UserName.text isEqualToString:Name]&& [Password.text
isEqualToString:Pwd]){
```

```
        UIAlertView *alert=[[UIAlertView alloc]initWithTitle:@"恭喜您"
message:@"恭喜您登录成功！" delegate:self cancelButtonTitle:@"YES"
otherButtonTitles:nil, nil];
        [alert show];




    }else {

        UIAlertView *alert=[[UIAlertView alloc]initWithTitle:@"信息错误"
message:@"用户名或密码不正确，请您核对后重新登录。" delegate:self
cancelButtonTitle:@"YES" otherButtonTitles:nil, nil];
        [alert show];
    }



}


-(void)textFieldDidBeginEditing:(UITextField *)textField{
    BeginTest=textField;

}
-(void)textFieldDidEndEditing:(UITextField *)textField{

}

-(BOOL)textFieldShouldReturn:(UITextField *)textField{
    if (textField==BeginTest) {
        [textField resignFirstResponder];
    }
    return YES;
}
@end
```

接口文件：RegisterViewController.h

```
#import <UIKit/UIKit.h>

@interface RegisterViewController : UIViewController

@property(nonatomic, weak) IBOutlet UITextField * BeingText;
```

```
@end
```

实现文件：LoginTextViewController.m

```
#import "RegisterViewController.h"

@interface RegisterViewController ()
@property (weak, nonatomic) IBOutlet UITextField *userName;
@property (weak, nonatomic) IBOutlet UITextField *password;
@property (weak, nonatomic) IBOutlet UITextField *Repassword;

- (IBAction)ReturnIndex:(id)sender;
- (IBAction)Submit:(id)sender;
@end

@implementation RegisterViewController
@synthesize BeingText;
- (id)initWithNibName:(NSString *)nibNameOrNil bundle:(NSBundle
*)nibBundleOrNil
{
    self = [super initWithNibName:nibNameOrNil bundle:nibBundleOrNil];
    if (self) {
        // Custom initialization
    }
    return self;
}

- (void)viewDidLoad
{
    [super viewDidLoad];
    // Do any additional setup after loading the view from its nib.
}

- (void)didReceiveMemoryWarning
{
    [super didReceiveMemoryWarning];
    // Dispose of any resources that can be recreated.
}

- (IBAction)ReturnIndex:(id)sender {

    [self performSegueWithIdentifier:@"gotoIndex" sender:self];
}

- (IBAction)Submit:(id)sender {
```

```
}

//当点击 Return 时键盘隐藏
-(void)textFieldDidBeginEditing:(UITextField *)textField{
    BeingText=textField;

}
-(void)textFieldDidEndEditing:(UITextField *)textField{

}
-(BOOL)textFieldShouldReturn:(UITextField *)textField {

    if(textField==self.BeingText){

        [textField resignFirstResponder];

    }
    return YES;
}


@end
```

最终程序运行如图 14-32、图 14-33、图 14-34 和图 14-35 所示。

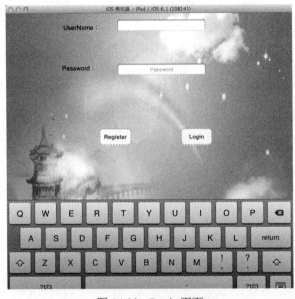

图 14-32　Login 页面

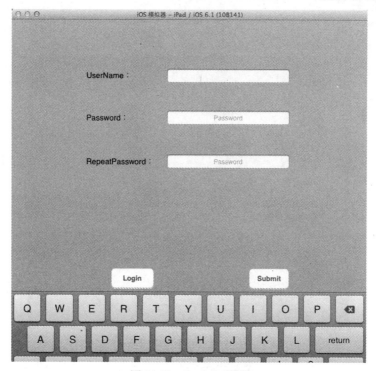

图 14-33 Register 页面

图 14-34 错误提示

图 14-35　登录成功提示

第 15 章

Objective-C++

从本章节可以学习到:

- ❖ 混合语言
- ❖ C++词汇歧义和冲突
- ❖ 一些限制

Objective-C 编译器允许用户在同一个源文件里自由地混合使用 C++和 Objective-C。这种混合的语言叫 Objective-C++。通过这种方法，可以在 Objective-C 应用程序中使用已有的 C++类库。对于混合使用不感兴趣的读者，可以跳过本章。

15.1 混合语言

在 Objective-C++中，可以用 C++代码调用方法，也可以使用 Objective-C 调用方法。在这两种语言里，对象都是指针，可以在任何地方使用。例如，C++类可以使用 Objective-C 对象的指针作为数据成员，Objective-C 类也可以有 C++对象指针做实例变量。要注意的是，Xcode 需要源文件以".mm"为扩展名，这样才能启动编译器的 Objective-C++扩展。下面来看一个实际的例子 Hello.mm。

```
#import <Foundation/Foundation.h>
class Hello {
private:
id greeting_text;   // 将是一个NSString对象
public:
Hello() {
    greeting_text = @"Hello, world!";
}
Hello(const char* initial_greeting_text) {
    greeting_text = [[NSString alloc] initWithUTF8String:initial_
greeting_text];
}
void say_hello() {
    printf("%s\n", [greeting_text UTF8String]);
}
};

@interface Greeting : NSObject {
@private
Hello *hello;
}
- (id)init;

- (void)sayGreeting;
- (void)sayGreeting:(Hello*)greeting;
@end

@implementation Greeting
- (id)init {
```

```
if (self = [super init]) {
    hello = new Hello();
}
return self;
}
- (void)sayGreeting {
hello->say_hello();
}
- (void)sayGreeting:(Hello*)greeting {
greeting->say_hello();
}
@end

int main() {
NSAutoreleasePool *pool = [[NSAutoreleasePool alloc] init];

Greeting *greeting = [[Greeting alloc] init];
[greeting sayGreeting];                        // > Hello, world!

Hello *hello = new Hello("Bonjour, monde!");
[greeting sayGreeting:hello];                  // > Bonjour, monde!

delete hello;

return 0;

}
```

正如可以在 Objective-C 接口中声明 C 结构一样，也可以在 Objective-C 接口中声明 C++ 类。跟 C 结构一样，Objective-C 接口中定义的 C++类是全局范围的，不是 Objective-C 类的内嵌类，这与标准 C 提升嵌套结构定义为文件范围是一致的。

为了允许基于语言变种有选择地编写代码，Objective-C++编译器定义了__cplusplus 和__OBJC__预处理器常量，分别指定 C++和 Objective-C。另外，Objective-C++不允许 C++类继承自 Objective-C 对象，也不允许 Objective-C 类继承自 C++对象。

```
class Base { /* ... */ };
@interface ObjCClass: Base ... @end // 错误!
class Derived: public ObjCClass ... // 错误!
```

与 Objective-C 不同的是，C++对象是静态类型的，有运行时多态是特殊情况。两种语言的对象模型因此不能直接兼容。更根本的，Objective-C 和 C++对象在内存中的布局是互不相容的，也就是说，一般不可能创建一个对象实例从两种语言的角度来看都是有效的。因此，两种类型层次结构不能被混合。

你可以在 Objective-C 类内部声明 C++类，编译器把这些类当作已声明在全局名称空间来对待，就像下面的例子：

```
@interface Foo {
class Bar { ... } // 可以
}
@end

Bar *barPtr; // 可以
```

Objective-C 允许 C 结构作为实例变量，不管它是否声明在 Objective-C 接口内部。

在 Mac OS X 10.4 版本以后，如果设置了 fobjc-call-cxx-cdtors 编译器标志，就可以使用包含虚函数、零参数构造函数、析构函数的 C++类实例来作为实例变量。Objective-C 成员变量执行完 alloc 操作之后，alloc 方法会按声明顺序调用构造器。构造器使用公共无参数的构造函数。Objective-C 成员变量在执行 dealloc 之前，dealloc 方法按声明顺序反序调用析构函数。

Objective-C 没有名称空间的概念，不能在 C++名称空间内部声明 Objective-C 类，也不能在 Objective-C 类里声明名称空间。

Objective-C 类、协议、分类不能声明在 C++ template 中，C++ template 也不能声明在 Objective-C 接口、协议、分类的范围内。

但是，Objective-C 类可以做 C++ template 的参数，C++ template 参数也可以做 Objective-C 消息表达式的接收者或参数（不能通过 selector）。

15.2 C++词汇歧义和冲突

Objective-C 头文件中定义了一些标识符，这是所有的 Objective-C 程序必须包含的。这些标识是 id、Class、SEL、IMP 和 BOOL。在 Objective-C 方法内，编译器预声明了标识符 self 和 super，就像 C++中的关键字 this。跟 C++的 this 不同的是，self 和 super 是上下文相关的；在 Objective-C 方法外面，它们还可以被用于普通的标识符。协议内方法的参数列表，有 5 个上下文相关的关键字（oneway、in、out、inout 和 bycopy）。在其他上下文中，它们不是关键字。

从 Objective-C 程序员的角度来看，C++增加了不少新的关键字。你仍然可以使用 C++的关键字做 Objective-C selector 的一部分，所以影响并不严重，但不能使用它们命名 Objective-C 类和实例变量。例如，尽管 class 是 C++的关键字，但是仍然能够使用 NSObject 的方法 class：

```
[foo class]; // 可以
```

然而，因为它是一个关键字，所以不能使用 class 做变量名称：

```
NSObject *class; // 错误
```

Objective-C 中类名和类别（category）名有单独的命名空间。@interface foo 和@interface (foo)能够同时存在于一个源代码中。Objective-C++中，也可以使用 C++中的类名或结构名来命名类别（category）。

协议和 template 标识符使用语法相同，但目的不同：

```
id<someProtocolName> foo;
TemplateType<SomeTypeName> bar;
```

为了避免这种含糊之处，编译器不允许把 id 作为 template 名称。

最后，C++有一个语法歧义，当一个 label 后面跟了一个表达式表示一个全局名称时，就像下面语句：

```
label: ::global_name = 3;
```

第一个冒号后面需要空格。Objective-C++有类似情况，也需要有一个空格：

```
receiver selector: ::global_c++_name;
```

15.3　一些限制

Objective-C++没有为 Objective-C 类增加 C++的功能，也没有为 C++类增加 Objective-C 的功能。例如，不能用 Objective-C 语法调用 C++对象，不能为 Objective-C 对象增加构造函数和析构函数，也不能将 this 和 self 互相替换使用。

类的体系结构是独立的，C++类不能继承 Objective-C 类，Objective-C 类也不能继承 C++类。另外，不支持多语言异常处理，也就是说，一个 Objective-C 抛出的异常不能被 C++代码捕获，反过来，C++代码抛出的异常也不能被 Objective-C 代码捕获。

第 16 章

时间日期的处理

从本章节可以学习到：

❖ 时间和日期类

❖ 使用 NSDateFormatter

在计算机上处理日期一直以来都是很复杂的任务。日期可不像看起来那么简单。其中有很多异常和边界条件。比如闰年、日历变化等。一个关于该主题的全面考虑表明，即使考虑到了这些异常情况，还是有很多问题，例如日历的起始日期是什么时候，如何处理边界日期等。大家所熟悉的CE/BCE标准实际上是一个非常低效的"拼凑"。

如果需要更多证据来证明处理日期的困难，可以回忆本世纪初在计算机行业发生的千年虫问题。天真的程序员开始想着可以用两位数来表示年份。但当世纪更替时，上百万行的代码都要重写。

即使是现在我们仍然面临着未来的日期问题，因为实际上大多数计算机通过32位整数将日期存储成1970年1月1日开始的秒数。遗憾得是，这个计数器在2032年就会回滚。尽管这看起来还很遥远，但是我们还是要提醒你，在编写两位年份处理代码时，那些程序员也同样看待2000年的。

即使你忽视了这些较大的问题，如何在应用中合理处理日期和时间还是很现实的问题。比如，如何确定以小时来计算一周的时间。你的第一反映可能就是将一天中的小时乘以7。这会是很常见，但是很天真的反映。如果其中某一天从夏时制转到标时制或者执行相反转换又如何呢？这样你的计算马上就变的不正确了。

在软件开发中这些问题很常见，并会导致由于公共关系受损以及客户问题而损失百万美元的很严重的bug。不要做那样的程序员。

本章将介绍 NSDate 类，用于创建和操作应用中的日期对象。接着会接受 NSCalendar 类，该类支持指定计算日期时使用的规则。最后我们将介绍 NSDateFormatter 类，用于将一个日期值转换成可以显示给最终用户的表示。这 3 个类一起使用就会成为满足一切日期处理需求的高效工具集。在 Objective-C 应用处理日期时应优先使用它们。

16.1 时间和日期类

16.1.1 构建日期

NSDate 是一个封装了某一给定时刻的值，它包括日期时间。通过使用类方法＋date 创建一个新的 NSDate 对象可以用来表示当前时间，或者通过 NSTimeIntervasl 创建一个 NSDate 对像表示将来或过去的任意时间。

```
NSDate *now=[NSDate date];
NSDate *alsoNow=[[NSDate alloc]init];
```

上面的代码显示了如何创建一个当前时间 NSDate 对象。它实际上使用两个不同的方法，第一种是＋date 工厂方法，第二种则是使用了标准初始化函数方法。

16.1.2　使用时间阁

NSTimeInterVal 表示以秒位计算单位的时间片。通过它，就可以创建相对于其他日期的一个日期。比如，可以使用一initWithTimeIntervalSinceNow: 这一初始化函数并传入 30 分钟的秒数作为参数，来创建一个表示"从现在开始的 30 分钟"的 NSDate 对象。

为了表示未来的时间测量，现在到将来的 NSTimeINterval 可以通过正整数来表示。换句话说，5 秒后就可以通过值为 5 的 NSTimeInterval 表示。同样，要表示过去的时间，可以用负整数作为 NSTimeInterval 的值。这样，为了表示 5 秒之前的时间就可以创建值为－5 的NSTimeInterval。相对于其他日期，可以通过为某以日期增加一个正的或负的 NSTimeInterval来操作和创建一个相对于该日期的新日期。

```
NSDate *now=[NSDate date];
NSDate *anHourAgo=[now  dateByAddingTimeInterval:-3600];
NSDate *anHourFromNow=[now dateByAddingTimeInterval:3600];
```

16.1.3　日期比较

读者可以比较日期来确定哪个日起在前，哪个日期在后，是否相同，或者确定两个日期之间的间隔。

两个日期之间的时间差可以通过一TimeIntervalSinceDate: 方法来计算。你可以在日期上调用该方法，并传入另一个日期作为参数。该方法返回两个日期之间的时间间隔。和创建一个新的 NSDate 对象一样，如果消息的接收方在给定日期参数之后，那么返回的NSTimeInterval 是正数，如果在给定日期前，则为负数。还有一个快捷的方法一timeIntervalNow,该方法返回消息接收方的日期和当前时间之间的时间间隔。计算两个日期之间的时间差：

```
NSDate *now=[NSDate date];
NSDate *anHourAgo=[now  dateByAddingTimeInterval:-3600];
NSTimeInterval timeBetween= [now timeIntervalSinceDate: anHourAgo] ;
```

此外，NSDate 类还提供了一laterDate: 和一compare: 方法来用于比较日期。比较两个日期时，一laterDate: 和一earlierDate: 分别返回相对比较早和较晚的日期。同时，一compare: 方法返回一个标准的 NSCompareResult 结果，在日期排序时很有用。

```
NSDate *now=[NSDate date];
NSDate *anHourAgo=[now  dateByAddingTimeInterval:-3600];
assert ([now laterate:anHourAgo]==now) ;//真
assert([now earlierDate:anhourAgo]==anHourAgo);//真
assert([now compare:anHourAgo]==NSOrdereDescending);//真
```

16.1.4 使用 NSCalendar

尽管通过 NSTimeInterval 创建一个具体时间的 NSDate 实例很有用，但更多时候读者希望创建具体某天或者基于日历而不是秒数的相对时间的 NSDate 实例。这不仅概念上容易想象，而且可以更精确并不容易出错。在某些情况下，日历操作中的边缘条件可能会存在。

Foundation 框架为此提供了 NSCalendar 类。它提供了一种通过更自然的日期组成，比如用日、月、星期等来指定日期的机制。这不仅适用于今天所使用的公历，还适用于一些专门的日历，比如希伯来日历，伊斯兰日历，佛教日历等。通过这种方式，它还提供了强大的本地化工具来为用户提供一个丰富的本地化体验。

要想创建一个表示给定月份中的某天的 NSDate 对象，首先需要创建一个 NSDateComponents 对象并设置想包含的任何参数。你可以为日历创建一个 NSCalendar 对象，用于创建一个日期。两者配合使用，就可以创建一个 NSDate 对象来表示你期待的某一天。通过 NSDateComponents 和 NSCalendar 来创建一个 NSDate 对象：

```
NSDateComponents *components= [ [NSDateComponents alloc] init];
[components setMonth: 4];
[components setDay: 1];
[components setYear: 2013];

NSCalendar *curentCalendar=[[NSComponents alloc]init];
NSDate *date= [curentCalendar dateFromaComponents]; // 04/1/2013
```

同样可以创建一个"一周前"的日期。使用相对日期：

```
NSCalendar *calendar=[NSCalendar currentCalendar];
NSDateComponents *components=[
            calendar
components:(NSYearClaendarUnit|NSMonthClaendarUnit|NSDayCalendarUNit)
fromDate:today]];
[components setWeek([components week]-1)];
NSDate *oneWeekAgo=[calendar dateFromComponents:components];
```

甚至可以转换给定日期从一个日历转换到另一个日历，方法是将一个 NSCalendar 中创建的 NSDate 实例传入到另一个。日期在不同的日历中转换：

```
NSDate *today= [NSDate date];
NSCalendar *calendar=[NSCalendar currentCalendar];
NSDateComponents *components=[calendar components:(NSYearCalendarUNit|
NSMonthClaendarUnit|NSDayCalendarUNit)fromDate:today];
NSCalendar *japaneseCalendar=[[NSCalendar
```

```
alloc]initWithCalendarIdentifire:NSJapaneseCalendar];
NSDate *inJapan=[calendar dataFromComponents:components];
```

使用这些技术，日期的创建会考虑日历的所有特性。比如，它会自动为你处理闰年和夏时制。

16.1.5　使用时区

处理日期和时间经常会遇到的另一个问题就是时区。Foundation 框架为此提供了 NSTimeZone 来制定地区日历对象的时区。和指定不同类型日历一样，给定 NSCalendar 对象的时区影响到给定时刻与其他时区中的同一时间相对比而计算得到的时间。换句话说，其他时区一周前的该时刻的小时数和当前时区中相对应时刻的小时数是不同的。

NSTimeZone 还通过类方法＋knownTimeZoneNames 提供了所有时区的列表，你可以使用该类方法向用户呈现时区列表。

你 可 以 通 过 ＋ timeZoneWithName: 工 厂 方 法 并 指 定 时 区 作 为 参 数 ， 或 者 使 用 ＝ timeZoneWithAbbreviation: 工厂方法并指定时区的缩写来创建一个 NSTimeZone 对象。

```
NSTimeZone *est=[NSTimeZone timeZoneWithAbbreciation:@"PST"];
NSTimeZone *azZone=[NSTineZone  timeZoneWithName:
                                      @"Amerca/Arizona/phoenix"];
```

创建这些对象后，可以和 NSCalendar 对象一起使用。如果没有在日历上显示设置时区，就会使用系统默认的时区。如果要将时间设置成一个特定的时区，可以设置 NSCalendar 的时区，任何从日历中得到的日期都会进行相应的调整。

16.2　使用 NSDateFormatter

多数情况下在处理日期时，最终还是需要将日期转换成向用户呈现的字符串。和处理日期本身一样，将日期转换成字符串时也有很多要考虑的边界条件。除了简单的标准本地化问题，比如获取用户区域正确的月、日名称，需要考虑表示不同日期所使用的不同格式。比如，一个星期的某一天全名是 Tuesday，缩写 Thu 或者一个字母 T。月份就更复杂了。它们可以用全名 September 或者缩写 Sept 或者一个 9 表示。在美国日期通常表示成 MM/DD/YYYY，而在欧洲通常表示为 DD/MM/YYYY。你可以看出，可能的差别是无限的。

为了处理日期格式中的各种复杂性，Foundation 提供了一个 NSDateFormatter 类。

利用该类你可以指定所需要的任何类型的行为，并将指定的 NSDate 对象装换成与所需行为匹配的日期的相应字符串表示。比如，使用短的纯数字风格来显示日期，如 09/20/13，可以使用 NSDateFormatterShortStyle 来指定：

```
NSDate *date= [NSDate date] ;
NSDateFormatter *f=[[NSDateFormatter alloc]init];
[f setDateStyle:NSDateFormatterShoutStyle];
NSString *dateStr=[f dateFromDate:date];
```

这是双向的。也可以使用 NSDateFormatter 对象将一个表示给定日期的自然语言字符串转换成实际的 NSDate 对象。

```
NSDateFormatter *f=[[NSDateFormatter alloc]init];
[f setDateStyle:NSDateFormatterShortStyle];
NSString *date=[f dateFromString:@"04/01/13"];
```

为任意日期格式创建一个 NSDateFormatter 对象是不可能的，通常会使用系统提供的标准格式中的一种。

315